本书受教育部学校规划建设发展中心学校绿色发展研究基金 2016 年度重点项目（LSFZ1601）资助

中日大学校园建筑能耗和节能实践

苏 媛 著

中国建筑工业出版社

图书在版编目（CIP）数据

中日大学校园建筑能耗和节能实践 / 苏媛著 . —北京：中国建筑工业出版社，2015.10

ISBN 978-7-112-18639-6

Ⅰ.①中…　Ⅱ.①苏…　Ⅲ.①高等学校—建筑能耗—对比研究—中国、日本 ②高等学校—建筑—节能—对比研究—中国、日本 Ⅳ.①TU111.19②TU111.4

中国版本图书馆CIP数据核字（2015）第262225号

责任编辑：陆新之　何　楠
书籍设计：京点制版
责任校对：赵　颖　李美娜

中日大学校园建筑能耗和节能实践

苏　媛　著

＊

中国建筑工业出版社出版、发行（北京海淀三里河路9号）
各地新华书店、建筑书店经销
北京点击世代文化传媒有限公司制版
北京建筑工业印刷厂印刷

＊

开本：787×1092毫米　1/16　印张：9½　字数：300千字
2019年6月第一版　2019年6月第一次印刷
定价：42.00元
ISBN 978-7-112-18639-6
（27921）

本书作者，大连理工大学苏媛博士，是我在浙大教过的研究生——现为日本工程院外籍院士、北九州市立大学高伟俊教授的高足。因此，我同苏媛早就认识，对她的研究工作也较为了解。此次她将其大作示我，嘱我为之作序，遂欣然允之。

大学作为教学与科研的场所，其校园建筑涵盖教学楼、办公楼、科研实验楼、图书馆及报告厅等多种类型。这些建筑的使用时间也依建筑类别而有所不同。在春、秋两季相对集中学习的两个学期以及寒暑假期间，不同类型建筑具有不同的能耗特征。大学校园又是大学生与研究生生活的场所，随着大学的扩招和扩建以及多媒体和实验设备的更新，校园建筑总能耗逐年攀升。另一方面，大学校园作为高等教育的承载体，其实体环境对学生的思想和行为具有潜移默化的影响。大学校园的规划设计理应体现绿色可持续发展理念和节能减排意识。因此，关于大学校园建筑的能耗研究极其重要。本书作者凭借其长期在日本和中国的高校生活经历，具有亲身体验的优势，深入分析探讨了日、中两国具有不同地域代表性的大学校园建筑能耗现状和节能实践，结合我国当前高校具体情况，提出节能建议，自然对我国高校建筑能耗研究具有重要的参考价值。

《中日大学校园建筑能耗和节能实践》一书，关注中国和日本大学校园的建筑能耗和节能方法。书中基于实际运行的每小时能耗数据所进行的单位面积能耗分析，视角独特，弥足珍贵。本书选取作者在日本留学期间攻读硕士和博士学位的两所大学为例，又以中国南方和北方两所典型校园作为主要研究对象，以中日大学校园的能耗特征和节能措施作为核心内容，基于具有不同地域代表性的大学校园每小时能耗数据的分析，结合能源管理的调研结果开展节能减排效果评价，并提出有效减排和节能潜力的计算方法。所有这些，都为绿色可持续发展的大学校园建设以及高校节能减排工作起到重要的数据支撑和指导作用。

随着国家加强对绿色建筑的政策支持和经济投入，教育部关于绿色校园与可持续发展规划工作开展得如火如荼，绿色校园建设和校园能源监管平台的建立也接踵而至。很多高校在建筑能源监管系统的监测下记录了典型建筑物的年间逐时能耗数据。尽管高校后勤管理者和工程师每月会对能源总体消耗量加以记录和公示，但却很少有人关注建筑物的每小时能耗，尤其是针对不同使用类别建筑的能耗分析、分项逐时能耗和单位建筑面积能耗的研究更少。而且这些高校能源监管平台所提供的可公开的详细的能耗数据信息也十分有限。因此之故，使得真正了解大学校园复杂多样的建筑能耗特征变得十分困难。本书作者依据其所收集到的宝贵历史数据，对不同类别建筑的单位面积能耗数据进行了充分的分析和论述，并进行日中两国真实数据的对比和评价，无疑具有其创新性和独特价值。

相信本书的出版对大学校园管理者、规划者、工程师和从事高校建筑能耗研究的学者都极具参考价值，对我国大学校园的绿色发展和节能减排事业会起到有力的推动作用。

中国科学院院士
华南理工大学建筑学院教授

2019 年 1 月 4 日

前 言
Foreword

　　建筑能耗的概念有广义和狭义两种定义方式。广义的建筑能耗是指从建筑材料的提取与加工，建筑产品的生产、制造、运输和安装，建筑物从设计、施工、使用、再利用和维护，一直到拆除的废物循环和弃置，即建筑的全寿命周期过程中的能耗。狭义的建筑能耗是指建筑物在建造后投入使用过程中所消耗的能源量，包括建筑的采暖、空调、照明、生活热水、炊事、电梯、家用电器或办公设备等能耗，即建筑的使用运行能耗。国际上通用的建筑能耗一般是指狭义的建筑能耗，因为在建筑的全寿命周期中，建筑运行使用的能耗远远超过建筑材料和产品的生产建造过程中的能耗。既然建筑的使用运行能耗是把握建筑物真实能耗性能的关键，如何能够监测收集到建筑能耗的每小时数据是重中之重。本人自在高校从事建筑技术科学领域的教学和科研工作以来，一直在思考如何保证建筑热舒适和生活品质的前提下合理高效地利用能源，降低建筑能耗，并减少对自然环境的影响和污染。我也着实感触到如何通过基础数据的采集与分析真实的反映建筑使用运行能耗不仅是建筑节能减排工作的核心，这项工作任重而道远。

　　本书内容是依托国外建设可持续型大学校园的节能经验，及我国节能工作规划，在教育部学校规划建设发展中心学校绿色发展研究基金的支持下和博士论文的基础上开展的。关于日本和中国大学校园的能耗特性及节能实践的内容，日本选取了北九州市科研园北九州市立大学校园、东京市早稻田大学西早稻田校园这两所理工类校园作为研究对象，在对其逐时单位面积建筑能耗分析的基础上，首先明确其能耗特性和能耗结构实况，从不同类型、不同使用时间分类进行细致分析，然后通过对能源管理体制、系统运行维护、节能技术导入情况、节能实施状况等研究讨论。最后对有效可行的节能对策和节能改造措施进行提案、节能效果分析和节能评价验证。我国选取了不同建筑气候分区的理工类校园的典型建筑的年间逐时实测数据调查结果和统计分析，参照了日本单位面积建筑能耗统计相关的研究成果和理论，将逐时建筑物能耗特性与建筑节能方法相结合，不仅提出了有效可行的建筑节能方法提案与建筑节能改造方案，而且进行了验证探讨和量化评价。

　　由于本书涉及详实的调研数据，数据的分析图表都是自绘，图表下方标记了数据来源，期望能为从事建筑能耗和建筑节能研究、公共建筑设计、高校校园规划和后勤管理以及建筑技术科学等相关专业人员提供资料参考，为公共建筑能耗数据库建设，能耗水平评测，制定参考用能指标提供数据依据，并推动建筑节能领域建筑使用运行能耗现场实测的基础数据研究工作。

本书的撰写受日本早稻田大学终身教授井上宇市先生和日本早稻田大学名誉教授尾岛俊雄先生的影响，还要特别感谢我的博士导师日本早稻田大学创造理工学研究科建筑学科高口洋人教授，我的硕士导师日本工程院外籍院士、北九州市立大学国际环境工学研究科建筑学科高伟俊教授的悉心指导，以及早稻田大学建筑学科长谷见雄二教授、小松幸夫教授和田边新一教授对本书研究内容提出的宝贵建议。再次感谢诸位恩师的谆谆教诲。

书中包含了中国典型理工高校的调研问卷和大量的实测数据。特别感谢清华大学建筑学院和建筑节能研究中心、同济大学绿色建筑及新能源研究中心、华南理工大学节能技术研究院、建筑学院和天然气利用研究中心、浙江大学建筑工程学院和后勤管理处、四川大学建筑节能与人居环境研究所、江南大学后勤管理处、上海电力学院能环学院的各位教授、专家、学者们的大力支持，在此深表谢意。并由衷地感谢中国及日本案例院校的各位老师们及工作人员们，感谢他们对我们调研和实测工作的无私帮助。

本书得到了清华大学建筑节能中心江亿院士的指导，令我受益匪浅，并由清华大学建筑技术科学系王福林副教授辛苦校正，感谢他们为之付出的辛勤劳动。同时在出版过程中，得到了中国建筑工业出版社的大力支持和何楠编辑、加工编辑史瑛的帮助，大连理工大学建筑与艺术学院我的研究生赵丽君、冯伟杰、籍浩然、吕世鹏、赵秦峰参与了本书的整理和排版等工作。在此，一并致谢。

另外，由于本书出版过程中遇到很多困难，导致出版时间一直拖延，十分抱歉。同时由于本人水平有限，本书的数据呈现方式和文字语言描述还有很多不足和局限，恳请各位专家不吝赐教，也衷心期待各位读者批评指正。

最后，本书承蒙华南理工大学建筑学院教授、建筑技术科学领域专家、中国科学院吴硕贤院士作序，特此鸣谢！

苏媛

2019 年 1 月于大连理工大学

目 录

Contents

第1章 可持续大学校园建设和建筑能耗研究现状

1.1 时代和社会背景

1.1.1 世界能源供应现状

21世纪的全球亟需扩大能源的供应，减少温室气体的排放。特别是当下，随着全球人口的不断增长，对能源的需求也越来越紧张。很多国家政府和世界性的组织，如美国能源信息管理局（U.S. Energy Information Administration，简称为EIA）、国际能源机构（International Energy Agency，简称为IEA）、英国石油集团公司（British Petroleum，简称为BP）、世界能源理事会、世界核协会等在能源年度报告的基础上，都对世界能源供给现状进行了研究。

随着新兴经济体的快速发展，世界能源供应和市场需求中心开始从欧洲、北美转移到亚洲、大洋洲和石油输出国组织（OPEC）。全球能源生产地和消费地在全球分布不均匀，世界能源储量分布过度集中，导致能耗大国和能源生产国之间的竞争变得越来越激烈，而且他们之间的供需途径也更加复杂。最近的世界能源业发展状况证明：加强国家之间的能源合作，使全球能源安全体制化和结构化已成为当前的主流。任何国家都不能保证自己的能源安全与其他国家地区无关。[1-3]

按能源的基本形态分类，能源可以分为一次能源和二次能源。一次能源（Primary energy）是指自然界中以原有形式存在的、未经加工转换的能量资源，又称天然能源。一次能源包括化石燃料（如原煤、石油、原油、天然气等）、核燃料、生物质能、水能、风能、太阳能、地热能、海洋能、潮汐能等。一次能源又分为可再生能源和不可再生能源，可再生能源在自然界可以循环再生，如太阳能、风能、水能、生物质能等，这些能源分布广泛，适宜就地开发利用；不可再生能源在开发利用后，在相当长的时间里再生速度很慢或几乎不能再生，主要是各类化石燃料、核燃料。20世纪70年代出现能源危机以来，各国都重视非再生能源的节约，并加速对再生能源的研究与开发。

二次能源是指由一次能源经过加工转换以后得到的能源，包括电能、汽油、柴油、液化石油气和氢能等。二次能源也可解释为产生于一次能源中，被再次使用的能源，例如煤燃之后先变成蒸汽热能，蒸汽再去推动汽轮机变成机械能，汽轮机又带动发电机转换成电能，所产生的电能即可称为二次能源。或者电能被利用后，经由电风扇，再转化成风能，这时风能亦可称为二次能源，二次能源与一次能源之间的转换必定有一定程度的损耗。二次能源和一次能源不同，它不是直接取自自然界，只能由一次能源加工转换以后得到，因此严格地说它不是"能源"，而应称之为"二次能"。[4]

图 1-1 表明了世界能耗的转变趋势。石油正在逐渐被其他能源取代来发电，但仍是主要的消耗能源。从 1965 年到 2015 年，石油消耗的年平均增长率为 2.2%，相当于整个能耗的年平均增长率，2008 年已占总能耗的 34.8%。在这期间，核能和天然气作为石油的替换能源，使用量有明显的增加，年平均增长率分别为 11.5% 和 3.6%。从 1965～2008 年，核能的消耗份额从 0.2% 增至 5.5%，天然气的消耗份额从 15.6% 增至 24.1%。煤炭像石油一样已经成为最主要的能源，但同时期它的消耗增长率仅为 1.9%，而且在 1965～2008 期间，整体能耗的份额由 38.7% 降低到 29.2%。

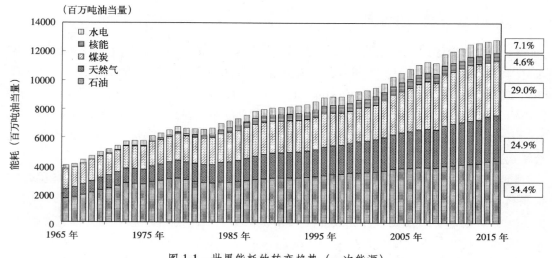

图 1-1　世界能耗的转变趋势（一次能源）
来源：BP 和 2017 年世界能源统计数据

图 1-2 是世界各地区能耗的变化。随着经济的日益发展，全球能耗也不断增加，从 1965～2008 年，全球能耗从 3.8 亿吨油当量以 2.6% 的年平均增长率增长到 11.3 亿吨油当量。根据地区的不同，增长量有所差异。由于发达国家的经济增长率和人口增长率低于发展中国家，发达国家（经合组织国家）的能耗的增长率也低于发展中国家（非经合组织国家）。此外，发达国家的产业结构已经产生变化，耗能设备功效和能源节约意识也有所提升。

另一方面，发展中国家的能耗量逐渐变大。在重要的经济增长地区能耗呈逐年上升的趋势，特别是亚太地区。苏联地区能耗在 1991 年之前逐年上升，之后由于经济崩溃、社会混乱，能耗开始降低，直到 1999 年情况才有转变。同时经合组织能耗占世界能耗的比重开始下降，从 1965 年的 69% 降到 2008 年的 48.8%，下降了约 20%。[5]

预计到 2030 年，世界能源需求将继续呈现增加的趋势（图 1-3）。其中，中国、印度和其他亚洲国家的能源需求将大幅增长。

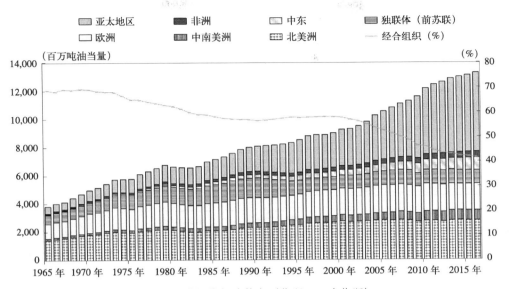

图 1-2　世界能耗的转变（能源、一次能源）

来源：BP 和 2017 年世界能源统计数据

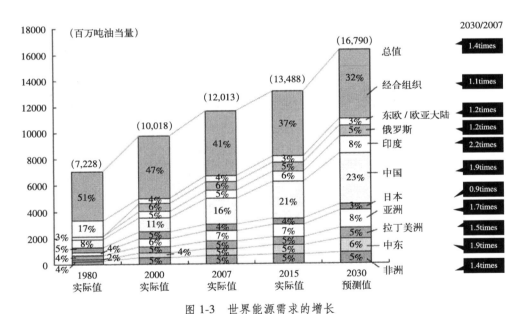

图 1-3　世界能源需求的增长

来源：IEA. 世界能源展望 [EB/OL].http：//www.iea.org/

1.1.2　温室效应

温室效应主要是由于现代化工业社会过多燃烧煤炭、石油和天然气，这些燃料燃烧后放出大量的 CO_2 气体进入大气造成地球大气和海洋的平均温度长期上升的现象。大气中的 CO_2 就像一层厚厚的玻璃，使地球变成了一个大暖房。科学家预测，今后大气中

CO_2 每增加 1 倍，全球平均气温将上升 1.5 ～ 4.5℃，而两极地区的气温升幅要比平均值高 3 倍左右。因此，气温升高不可避免地使极地冰层部分融解，引起海平面上升，频繁出现极端恶劣天气。温室效应也会导致各国家的经济损失，特别是发达国家和发展中国家的差距加大时，这威胁的将不只是人类而将是整个生态系统的可持续发展。

为了避免气候的急速变化并保证可持续发展，1992 年出台联合国气候变化纲要公约 (Framework Convention on Climate Change，简称 FCCC)，1994 年正式生效。FCCC 第三会议 (Third Conference of the Parties，简称 COP3) 是在京都举行的，京都议定书于 1997 年 12 月签订，决定温室气体的排放总量在 2008 ～ 2012 年间应削减 6%，日本政府在 2009 年 9 月 23 号宣布，到 2020 年温室气体排放将比 1990 年减少 25%。[6-7]

图 1-4 是 CO_2 排放量前 20 名国家，图 1-5 是这 20 个国家的人均 CO_2 排放量。这些数据是国际能源机构根据所有化石燃料的燃烧和消耗来源来估计的 CO_2 排放量。在美国，人均的 CO_2 排放量是日本的 2 倍，是中国的 6 倍，是印度的 20 倍。发达国家的人均 CO_2 排放量高于发展中国家，如今经济的快速发展导致发展中国家的 CO_2 排放量也迅速增长，解决经济发展与温室气体排放之间问题主要依靠发达国家之间的相互合作和社会与环境系统的相互共存。通常发达国家人均 CO_2 排放量较高，而一些发展中国家 CO_2 排放的增长速度也在增加。美国是最大的 CO_2 排放国，每年排放量超过 50 亿 t，为全球排放量的 22.8%。日本的温室气体排放量只占美国排放量的 1/4，排名第四。

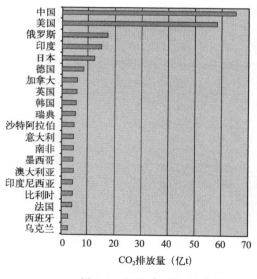

图 1-4 2008 年 CO_2 排放量

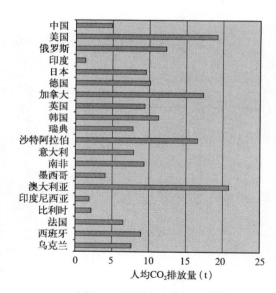

图 1-5 2008 年人均 CO_2 排放量

来源：IEA 主要世界能源统计（2008 年数据）http：//www.iea.org/textbase/nppdf/free/2011/key_world_energy_stats.pdf

2009 年 8 月 1 日，国际能源机构列出了部分国家国内生产总值（Gross Domestic Product，简称 GDP）与 CO_2 排放量的比例（图 1-6）。1978 年以后，中国的单位 GDP 的 CO_2 排放量已成功减少 74%。这些归功于一些环境政策的推行，如节能法律、官方公布的五年计划和绿色 GDP。直到 2010 年，中国的 CO_2 排放量与国民生产总值比率比日本多 10 倍，2020 的 CO_2 排放量的目标是比 2005 年减少 40%。

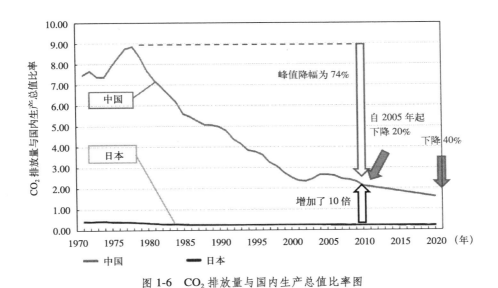

图 1-6　CO_2 排放量与国内生产总值比率图

来源：IEA 主要世界能源统计（2017 年数据），http://www.iea.org/textbase/nppdf/free/2011/key_world_energy_stats.pdf

1.1.3　大学校园采取节能措施的必要性

由于大学校园中资源、环境问题和日益增长的能耗，校园节能已成为全球关注的一个问题。如今，大学承担环境保护的重要责任，并长期致力于可持续发展。一方面，高校正在努力降低能耗，寻找可代替的可再生能源，减少温室气体的排放量，并强调可持续能源的重要性。另一方面，应对大学中一些活动和对能源系统的操作导致的能耗，高校正在通过有效的管理和技术措施，降低对环境的污染和温室气体的排放。

与其他类型建筑相比，大学校园内的辅助设施愈来愈齐全，学生的娱乐活动也愈来愈丰富，因此高校建筑的能耗与日俱增。近年来为了满足日益增长的需求，如为改善室内条件而增加空气调节和照明系统，以及设施的维修和扩建更加剧了建筑物的能耗。另一方面，公用事业费用的增加也加大了对财政预算的压力。为了保持良好的教育科研环境，利用技术手段来节约能源，并且通过有效的管理开支来提高管理效率是很重要的。因此在大学校园，节约能源已经成为一个非常重要的问题。

日本《能源保护法》在 1979 年 6 月通过，旨在有效地利用燃料，系统推进能源的合理利用。[8] 之后，随着国际能耗的增长，能源需求紧张，市民密切关注全球气候变暖。到现在为止，修订了许多节能法确保各个领域能源的合理使用。学校、医院、实验室和文化设施这四类特定的建筑是 2002 年 6 月修正案中的第一批能源受管控的建筑，必须定期提交报告和长短期计划。2005 年 8 月以后通过电和热来区分指定的管理类别的方法在修订案中被取消。[9]

日本《能源保护法》的第四条规定，能源用户应考虑基本政策，并确保能源的合理利用率。基本政策第五条要求大学和研究机构合理利用能源。根据节能法规定，大学以及国家教育研究机构不仅要遵守法律，而且作为一种社会模式，要根据日本关于能源节约的法律，积极推进节能对策，加强合理的能源利用管理。例如，2001 年通过现场调查处理了能源管理的第一类建筑，随机选取了一些企业进行调查，在 2006 年完成了彻底的调研和报告。作为节能法律的执行者，文部科学省（Ministry of Education，Culture，Sports，Science and Technology，简称 MEXT）[10] 各部门给相关企业和机构指导与建议，制定了长短期计划，并提交了最终报告。例如，2001 年通过现场调查对能源管理的第一类建筑进行了处理，随机选取了一些企业进行调查，并在 2006 年完成了所有的调研和报告。

我国近几年大学扩招带来的庞大规模，年年上升的学生人数，以及校园中多姿多彩的活动，便利的生活服务区、商店街、餐饮街，使我国的校园成为一个微缩的小城市。根据 2015 年教育部的统计，中国高校的数量已达 2845 所，学生总数为 2536 万，建筑面积超过 7.72 亿 m^2。如果能源节约能扩大到中国所有大学校园内，这将有巨大的节能空间和潜力。因此，本书的出版有助于国内研究者把握大学校园的建筑能耗特征，以实现可持续发展，创建智能校园。

1.1.4　可持续校园建设的内涵

"绿色校园"的概念已经存在很多年了，其中"可持续发展"、"绿色概念"、"绿色建筑"往往是着眼于对能源和资源的管理，以及对节能监管业务实践的管理。它包含以下主要部分：

（1）提高经济效益。

（2）保护和恢复生态系统。

（3）提高全体人民的福祉。

绿色校园的建设涉及四个部分：运营管理部门、教育部门（学生和教师）、大学科研机构和当地公共社区（图 1-7）。在开始阶段，往往需要一些委员会和理事会来实现信息共享，理解问题和概念，并为今后的发展行动制定计划。近来，学校的各个部门都发挥着自己的作用。有些大学已经建立了"可持续校园发展研究中心"，协调规划、工程、网络和能源实时监控系统。[11]

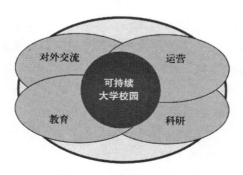

图 1-7　可持续校园定义

来源：可持续校园 HP，http://www.sustainablecampus.org/universities.html#Define

LEED（Leadership in Energy and Environmental Design）是由美国绿色建筑委员会成立的绿色建筑评价标准。大学校园也可以建立一个节能目标来满足诸如 LEED 的评价标准。一所大学或学院在培养一个受过良好教育的毕业生的身上会使用很多资源，而毕业生同样会对社会作出重要的贡献。可持续发展的重要目标之一是减少不可再生资源的利用。可持续发展过程中最重要的问题就是减少对不可再生资源的浪费。它包含以下四个方面。[12]

（1）有效的可持续理念目标。

（2）高效的利用。

（3）可再生资源的投入（可再生能源和可替代能源技术、雨水利用）。

（4）垃圾重复使用（热回收、资源回收、堆肥、中水利用等）。

关于可持续校园的概念，可按环境保护和社会活动方面进行分类，在环境保护方面表现为对于能源与资源的管理，减少不必要使用，减少废弃物排量和尽可能有效回收利用等；在社会活动方面表现为不仅为学生提供校舍与场地空间，提供健康与安全的校园空间，还要提供学生课外活动与俱乐部等校园交流空间，以及学生进行研究、教育、推广活动等的社会交流空间。

1.1.5　智能校园的构筑

"智能校园"最初来源于名词"智能建筑"。 Michael Fickes 在 2004 年 8 月介绍南加利福尼亚大学（the University of Southern California，缩写 USC）校园特色规划与管理中指出"现在整个校园都在学习变得智能"。综合建筑管理系统正在超越智能建筑，并开始创建智能校园，但是 Michael Fickes 更倾向于南加利福尼亚大学在规划之初就能按照智能校园概念进行建设。Michael Fickes 表示："我认为智能校园的主要特征是注重交流。我们完全可以坐在树下用一台无线笔记本检查这个建筑的窗户是否开着，检查建筑里面实验室的冷冻机是否处于正常温度。我坚信我们的校园最终会具备这些能力。"

"一个智能校园是一个整体战略，包括使用者、设施、全体教师的大力支持以及有效利用技术。Eltayeb Salih Abuelyaman 给出了智能校园的定义，基于此概念期望在沙特阿拉伯也建设一个智能校园。智能校园部署智能教师，提供智能工具和对他们工作的持续支持，同时使用智能评价方式评估他们的教学效果。智能校园也为学生提供了可靠的服务，学生可以随时随地访问互联网。智能教学和配套的技术会加强老师和学生对智能校园的选择权。[13]

作为 Takenaka 公司的一个新学校项目，"智能校园"和社会变迁一样都是在考虑到环境的前提下提出的。"教育""研究""慈善事业"，这是体现一所大学的基本功能的 3 个方面，以"学校管理""智能概念附加价值""减少对环境的影响"这 3 个观念为基础，支持一所大学的整体建设。它相当于一个 21 世纪的社会环境的变化。[14]

综上所述智能生活的校园定义是：

（1）智能就是"提高效率""共享""融合"。

（2）生活就是"个性化""多元化""沟通"。

（3）校园就是"社会实践的地方"。

这不仅是对当前的校园规划管理方案的期待，提出要有效进行校园节能建设和减少 CO_2 排放量等措施，同时也是对大学创建智能校园的挑战，争取通过环境保护与社会交流的变化来影响生活方式的变革。

1.2　可持续大学校园建设势在必行

随着我国城市化的飞速发展，人们对建筑使用空间的舒适度和健康度的要求不断提高，建筑物的能耗逐年攀升，建筑能耗所占社会商品能源总消耗量的比例已经从 1978 年的 10% 上升到 30%，对国民经济发展和人民生活的影响日益突出。建筑节能已经成为提高全社会能源使用效率的重要环节。

《中共中央关于制定国民经济和社会发展第十二个五年规划的建议》坚持把建设资源节约型、环境友好型社会作为加快转变经济发展方式的重要着力点。深入贯彻节约资源和保护环境基本国策，节约能源，降低温室气体排放强度，发展循环经济，推广低碳技术，积极应对气候变化，促进经济社会发展与人口资源环境相协调，走可持续发展之路。这是党中央、国务院在新形势下作出的关系到我国经济社会发展和中华民族兴衰，具有全局性和战略性的重大决策。2012 年 5 月住房城乡建设部日前发布《"十二五"建筑节能专项规划》，明确提出，到"十二五"期末，建筑节能形成 1.16 亿吨标准煤节能能力的目标。

目前我国每年建筑竣工面积约为 20 亿 m^2，其中公共建筑约有 4 亿 m^2。公共建筑能耗主要包括空调系统、照明、电梯、办公用电设备等，其中采暖空调能耗和照明能耗特别高，节能潜力也最大。因此如何有效地降低公共建筑物能耗和提高建筑节能技术应用推广，如何深入开展科学建筑规划与设计，成为低碳经济时代节能减排重点，也对我国继续推进城市化进程有着深刻的影响和重要的战略意义。

对于可持续校园的研究将有助于进一步提高大学校园的能源利用效率，鼓励节约能源措施的传播。此外，掌握系统规划和优化大学能源系统的数据，这是很重要的而且是有益的。本书出版的目的是介绍中国和日本调研的大学校园的实际能耗结构，找出不同建筑物的能耗并提出节能措施，最大程度地降低整个校园的能耗。

本书的目标在于完成以下几项工作：

（1）从基本信息、能耗、能源系统和设施、节能措施及效果、能源管理系统这五个方面对新型大学能源系统进行问卷调研。

（2）从不同的建筑物、不同的使用功能、不同的使用期间、不同时间、不同时段，以及不同的能源使用用途来具体分析并研究实际能耗结构和调研的大学建筑能耗特性。

（3）对日本与中国的大学校园内的能耗结构和管理制度进行比较研究，包括：单位面积能耗、单位面积能耗的峰值、组织系统和能源管理现状。

（4）采取节能方法，降低整个校园的能耗峰值，包括：降低建筑能耗的对策，引进新能源，维修和提高建筑性能，以及提高能源管理意识。

（5）验证模拟节能减排的效果，并展示大学校园的建筑节能潜力。

1.3　国内外大学校园能耗研究成果和现状分析

对于降低公共建筑能耗，提高节能方法及技术应用的研究，欧美发达国家都有专门的机构和研究团体对本国建筑能耗进行调查。英国曾开展了非住宅建筑 NDBS（Non-Domestic Building Stock）项目，建立了包括建筑类型、结构类型、建造年代、墙体材料、空调形式、能耗情况等详细数据库；美国能源部能源信息署曾多次对商业建筑进行能耗调查统计，包含建筑物信息（概况、地址、建筑面积和建造年代、使用性质、能源形式、空调及照明面积、末端用能设备）以及能耗消耗情况（总能耗、电、天然气、油、市政热力）等。日本商业建筑能源消耗数据基础调研 DECC（Data-base for Energy Consumption of Commercial Building），对既有 4000 栋商业建筑的进行了详实的数据统计和数据库建设，包含细致的建筑物信息、建筑物使用时间、能源消耗情况和能源管理情况。

近年来国内的很多学者和技术人员对于建筑节能领域也进行了研究。尤其是清华大学建筑节能研究中心江亿教授的团队通过对近 500 栋公共建筑的能耗调查、近 50 栋建筑的现场测试、实际建筑节能的改造工程实例，2007 年开始每年发行《中国建筑节能年度发展研究报告》，对本领域的研究起到了领军作用，为本研究的开展奠定了重要的基础。华南理工大学亚热带建筑科学国家重点实验室的孟庆林教授对华南和香港的可持续建筑设计与技术进行了实例研究，立足泛亚热带地区的气候环境特点，从人与环境相互关系的高度研究泛亚热带地区可持续发展建筑的规范、设计理论、方法及技术措施、人居环境的评估方法，对发展建筑节能技术具有现实意义。同济大学绿色建筑及新能源研究中心谭洪卫教授牵头召开的高等学校校园建筑节能监管平台示范建设项目工作会议，14 所示范高校积极开展节能减排校园，建设节约型校园工作，并将校园节能管理作为高校能源管理体制创新，深化节能监管平台建设的一种有益尝试，取得了令人欣喜的成果。西安建筑科技大学以刘加平院士为学术带头人的"西部建筑环境与能耗控制理论研究"科研团队获得国家自然科学基金委创新研究群体基金资助，在西部低能耗建筑理论研究与工程实践方面作出了突出贡献。

针对能耗调查统计的研究，还有很多作出贡献的学者和技术人员，比如：同济大学龙惟定教授组织的对 400 余户住宅电耗的调查，对上海市住宅空调的耗电量进行了估算；深圳市建筑科学研究院任俊教授级高工对广州市住宅的空调能耗进行了分析与研究；四川大学建筑节能与人居环境研究所龙恩深教授与重庆市建筑节能协会专家委员会对重庆市商场、酒店、医院、校园、文化场所等现有公共建筑能耗状况进行了调研等。这些研究推动了建筑能耗研究发展之路，具有很重要的时代意义。

另外，国外专家高度重视单位面积能耗的分析，最早由日本早稻田大学创造理工学研究科建筑学科尾岛俊雄教授在《光热水电原单位》一书中，提出了单位面积能耗的概念，指出单位面积能耗是体现建筑物能源利用率和进行建筑物节能评价的重要指标。国际上经常召开一些相关的学术交流探讨国外大楼测试和节能改造案例，讨论相应建筑设计、技术、理论和实践的研究成果，并总结应用，引领全世界的建筑业进入可持续发展的重要时期。

然而，针对我国的建筑节能研究和能耗数据调查统计工作而言，依然存在以下的不足：①缺少针对不同类型建筑特定的建筑节能标准；②对能耗数据的调查研究都只是集中在总量分析，很少有实际运行的详实数据分析；③缺少结合现场测试和诊断的具体案例的能耗研究；④能耗评价指标和能耗评价工具不能给出具体有效的节能措施指导和改造方案。目前对于单位面积能耗的研究大多集中在总量上，且由于地域、季节、使用用途的不同等因素，很难真正把握建筑物的能耗特性。

1.3.1 美国及其他国家

在实现可持续校园这个领域有许多类似的研究，评价美国和其他国家的环境政策、管理系统、环保性能。[15-16] 由于大学校园学生的生活学习行为和扩招后与日俱增的设施对环境的影响，校园的可持续发展问题已成为全球高校决策者和规划者关注的问题。来自政府环境保护机构、可持续性发展运动和大学利益相关者的压力加剧了事态的严重性，其中就包括学生激进运动。[17]

环境影响评价（Environmental Impact Assessment，简称 EIA）是美国根据国家科学院国家统计委员会（National Academy of Sciences' Committee on National Statistics，简称 CNSTAT）要求制定的评价建筑物能耗的重要工具。美国商业建筑能耗统计数据库（Commercial Buildings Energy Consumption Survey，简称 CBECS）和住宅能耗调查（Residential Energy Consumption Survey，简称 RECS）等都是参考环境影响评价来改善数据质量、地理覆盖范围、数据发布的及时性和用户相关的数据。

美国商业建筑能耗统计数据调查以商业建筑为样本，建筑作为能耗的基本单元，是商业建筑能耗进行分析的基本单位。2003 年商业建筑能耗统计数据调查选择了 6955 个现有的建设案例（包括商场的建筑，但不是个别机构的情况下）进行了第八次调查，其中包括 835 栋建筑作为典型样本，在这 6955 幢建筑中，有 6380 幢建筑的能耗是合格的。[18]

加利福尼亚商业建筑终端使用调查（California Commercial End-Use Survey，简称 CEUS）是商业部门的能源使用的一个综合性的调查研究，主要用于支持未来国家的能源需求。根据加利福尼亚能源委员会合同进行调查，本次调查收集详细的建筑系统的数据、几何学的建筑外形、电力和天然气的使用、热环境的特性、设备存储、运行计划以及其他商业建筑的特点。从太平洋煤气电力公司、圣迭戈哥煤电公司、南加利福尼亚爱迪生公司、南加利福尼亚煤气公司和萨克拉门托市政事业部的服务区分层随机抽样 2790 个商业设施建筑。取样是根据服务区设施效用、气候区、建筑类型和能耗水平进行分层采样的。通过每个商业建筑的公用服务区，可以估算出 12 种常见商业类型的建筑能耗使用情况：楼层控制、燃料分配、电力和天然气消耗、能源利用指数（energy-use indices，简称 EUIs）、能源强度、16 天每小时的终端用户的能耗分布的数据。[19]

1.3.2 日本

在日本，建筑单位面积能耗管理作为能耗评判的重要标准。早稻田大学名誉教授尾岛俊雄提出的单位面积能耗是指评判建筑能耗需要真实计算其单位建筑面积上的实际能耗总量，单位建筑面积的能耗，即单位面积能耗值越高，代表它的能源利用率也就越低；反之，单位面积能耗值越低，它的能源利用率越高。实际能耗总量是通过使用燃料被转换成等价的一次能源（原油）消耗量计算的，单位为焦耳(J)。我们使用的热能都是由石油、天然气、蒸汽和电能转化的，计算能耗总量的时候我们需要将其转化成一次能源。这样通过单位面积能耗很容易比较能耗在其他同类建筑中使用量的特性。而且可以通过对不同设备、不同部门、不同地区的分类对比，实现对单位面积能耗的管理，从而进一步促进具体能源节约措施的改进。[20-23]

基于尾岛俊雄教授研究室的关于单位面积能耗特性评价的调查研究，一旦设备容量决定了，高峰负荷值就可以利用不同时期的单位面积能耗进行预测。不同时期的能耗量也可以通过月度和年度单位面积能耗进行预测。图 1-8 表示了通过单位面积能耗预测能耗量总量的流程。由于各种不同类建筑物的单位面积能耗不同，选择一个合适的标准单位面积能耗是很重要的。此外，由于能耗随着时间和设备老化等客观因素的变化而变化，对于节能管理中单位面积能耗设定目标的调整修正也是必要的。[24-25]

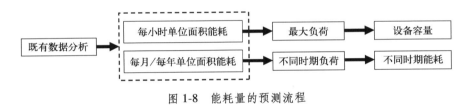

图 1-8　能耗量的预测流程

来源：Toshio OJIMA Lab，Research on attributes evaluation of an energy consumption unit，JES project room，February 2005

建筑物的负荷计算程序和进一步的能耗量预测的技术如图 1-9 所示。A 路径的能耗预测中设备运行时间与峰值负荷相匹配。因此，二次能源的消费量可以直接通过乘法计算。但是，设备通常在部分负荷下运行，所以单位面积能耗的计算不能采用额定效率，在这种情况下，有必要作效率校正。例如，设备的部分负荷运行时间可以转换成等值的满负荷时间。这种方法被称为等价满负荷运行方法。

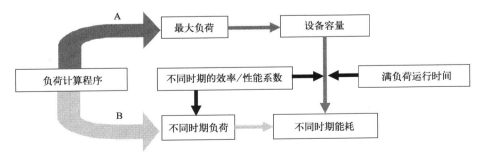

图 1-9　建筑物的负荷计算程序和进一步的能耗量预测的技术

来源：Toshio OJIMA Lab，Research on attributes evaluation of an energy consumption unit，JES project room，February 2005

B 路径的能耗是由不同时期的负荷计算的，二次能源可以通过不同时期的效率或性能系数计算。这段时间的动态热负荷就可以根据开发的各种负荷计算程序计算。这样的基于负荷模式计算能耗的方法称为负荷模式法。

早川智等人开发了一个公共建筑能耗计算的模拟工具。模拟工具中对商业建筑的能源管理水平也进行了评估。各种公共建筑每年的能耗量可以很容易地估计出来，其输入参数与建设服务和最终使用条件有关。

对于这个工具，能耗点可以分成八个分类：空调装置、泵、热源装置、照明、电插座、通风、热水供给、给水排水和电梯。图 1-10 是单位面积能耗管理工具的程序流程。根据流程，将相应值进行输入、计算、评估和与实际值的比较。

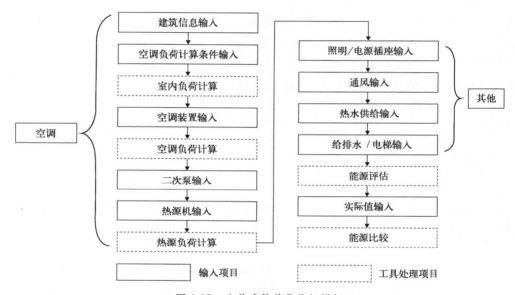

图 1-10　公共建筑单位能耗模拟

来源：Satoshi HAYAKAWA，Hiromi KOMINE，Tatsuo INOOKA.

Development of the simulation tool for energy management of buildings for business use.

首先，输入工程信息，空调面积比和室内负荷的计算条件，房间使用的时间表，停留在室内工作人员的人数，照明装置和电源插座的使用时间这些基本信息开始计算室内负荷。然后，根据相同的空调需求条件来进行建筑楼层间的分区，之后录入空气调节系统信息、空调设备因数、新风量，就可以进行空调负荷的计算。接着，输入二级泵和热源机的数据后，就能进行热源负荷的计算，例如，热源种类、数量、操作优先级等等。至此，模拟计算和空调实际设计要求就联系起来了。

除了空气调节之外，照明的用电量通过容量和使用时间相乘计算。电插座用电通过负荷系数自动计算（真正的耗电数除以装机容量）或人工统计。其他电力消耗是按实际记录的数据进行回归分析计算。得到的能耗计算结果可与能耗的实际值相比较。[26]

最近，在不同类型建筑物对单位面积能耗的各项研究报告中，许多研究特别提及了当前由能源经济研究所、日本建筑能源管理协会等实施的调查，这些都是关于全国范围内各种建筑物的能耗研究。[27-29] 结合地方经济产业局，文部科学省自 2005 年以来就对大学实施实地调查。这些大学属于指定的可以消耗了较多能源。实地调查指明，大学节能策略还有很大的改进空间。文部科学省按照"能源节约法"对能源使用的实际情况进行调查研究和检测，以反映节能措施的实施情况。它的目的是促进、调整和部署所调查大学进一步加强能源节约活动。

此外,商业建筑的能耗数据库（Data-base for Energy Consumption of Commercial building，缩写 DECC）的检查委员会自 2007 年成立以来不断更新与环境有关的数据。活动部署旨在采集数据，以便更好地掌握实际情况和商业建筑的能耗为目的的归因分析。在数据库中有 3 个级别：基本数据库、标准数据库和详细数据库。

根据 DECC 的数据库显示，基本数据库包括 40000 幢建筑，其中包括工业、学术、政府等组织机构，这是日本目前为止最大的数据库。在这些调查的建筑中，收集分析了 366 个大学的数据。DECC 通过向隶属于大学的管理机构询问调查和网络问卷收集数据。这个调查主要包括：建筑物和设备的基本信息、建筑的使用计划、设备的详细信息、节约能源的行动、能耗比例、水的消耗量和其他。这 366 所大学建筑调查结果是从 2009 年的日本全国商业建筑能耗调查报告中提取的。

图 1-11 是所调研的建筑面积构成比。大学建筑物的建筑面积从不到 1000m² 到超过 30000m² 不等。所有调查的学校中，有 42% 建筑面积超过 30000m²。在北海道和北信越，大多数建筑面积在 1 ~ 3 万 m² 之间。值得注意的是，日本的研究型大学校园的大型建筑物面积的占比是比较高的。

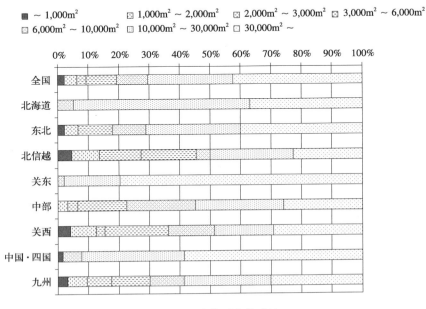

图 1-11　建筑面积构成比

来源：Report of Data-base for Energy Consumption of Commercial building 2009，Japan Sustainable Building consortium，2010.3.

图 1-12 按不同竣工年份划分的建筑面积构成比。从图上看,似乎没有显著的比例差别。超过 20% 的建筑物是 2000 年后建成。2005 年以后较新的建筑物比例在北海道和中国·四国比较高。

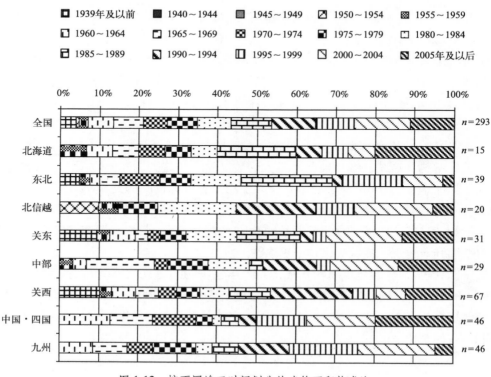

图 1-12 按不同竣工时间划分的建筑面积构成比

图 1-13 是不同能源种类建筑面积的构成比。在整个国家的校园调查中,占比最大的是使用电力及城市天然气的建筑,占近 35%。使用电力及天然气组合的建筑面积占比在中部和关西超过 55%。引入建筑能源管理系统(Building Energy Management System,缩写 BEMS)的建筑构成比如图 1-14。建筑竣工时和改造时可引入能源管理系统 BEMS,改造时可引入节能服务公司 ESCO。

除了北信越,其他地区约 5%~20% 的建筑在改造时引入了 BEMS。北信越被排除在外是因为当地调查的 22 所大学没有回复。图 1-15 是大学属性构成比,我们发现,在全国理工科高校和文科高校占的比例几乎相同。图 1-16 是不同建筑面积年间单位面积能耗。图 1-17 是不同竣工年份年间单位面积能耗。如图 1-16 所示,调查建筑物的建筑面积为 70 万 m², 年间单位面积能耗也是最高的。但就整体而言,从图 1-16 中建筑面积和年间单位面积能耗的关系可以看出,年间单位面积能耗和竣工时间的相关性呈不明显分布。

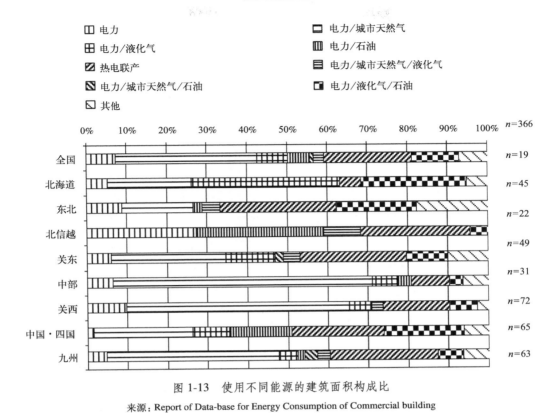

图 1-13　使用不同能源的建筑面积构成比

来源：Report of Data-base for Energy Consumption of Commercial building

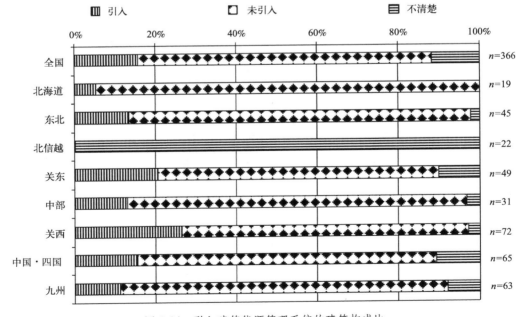

图 1-14　引入建筑能源管理系统的建筑构成比

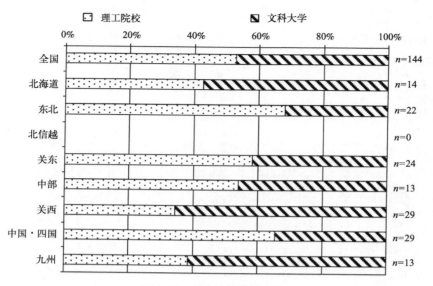

图 1-15　大学的属性构成比

来源：Report of Data-base for Energy Consumption of Commercial building 2009，Japan Sustainable Building consortium，2010.3.

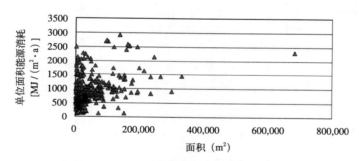

图 1-16　不同建筑面积全年单位面积能耗

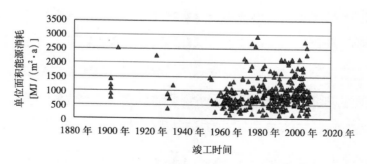

图 1-17　不同竣工年份全年单位面积能耗

来源：Report of Data-base for Energy Consumption of Commercial building 2009，

Japan Sustainable Building consortium，2010.3.

　　表 1-1 是调研的日本全国大学校园建筑中，不同地区的能耗数据值统计表。关东地区调研的建筑面积平均值为 80768m²，北海道地区调研建筑面积平均值为 71111m²，虽

然平均值相近，但是中位值相差较大，关东地区调研的建筑面积中位值是 61270m²，北海道地区调研建筑面积中位值仅有 29374m²。调研结果显示被调查的建筑面积很大的话，建筑面积的平均值受其影响程度会加大。和建筑面积相似的现象是，北海道和关东地区调研建筑能耗的平均值是在同样的范围内。

日本校园建筑调研结果　　　　　　　　　　　　表 1-1

项目名称	值	单位	全国	北海道	东北	北信越	关东	中部	关西	中国·四国	九州
	数量	座	366	19	45	22	49	31	72	65	63
建筑面积	平均值	m²	45846	71111	34429	34156	80768	29210	32873	51933	40035
	中间值	m²	23168	29374	21067	11193	61270	11999	9098	33667	12705
	最大值	m²	682585	682585	165654	136749	244491	156334	233856	330758	299633
	最小值	m²	145	7848	906	145	6591	1289	617	944	616
	标准差值	m²	63271	150752	37557	50377	60287	41356	52420	50680	62926
竣工时间	平均值	年	1984	1986	1982	1986	1983	1986	1979	1988	1987
	中间值	年	1988	1988	1987	1991	1988	1989	1988	1995	1992
	最大值	年	2009	2007	2005	2008	2007	2009	2008	2008	2009
	最小值	年	1900	1955	1904	1954	1931	1959	1900	1962	1960
	标准差值	年	21	16	20	16	22	15	28	17	14
年能耗	平均值	TJ	55.5	117.0	44.3	61.3	103.3	25.9	30.8	51.2	53.2
	中间值	TJ	17.7	24.9	22.2	4.4	62.8	7.6	7.8	22.1	10.2
	最大值	TJ	1577.9	1577.9	419.0	400.9	525.0	199.1	348.7	479.9	419.7
	最小值	TJ	0.1	2.6	0.6	0.1	9.6	0.3	0.3	0.9	0.3
	标准差值	TJ	118.4	356.7	82.0	123.7	114.5	41.4	65.2	77.5	96.7
年间单位面积一次能源消耗	加权平均值	MJ/m²·a	935	859	1019	944	1154	831	828	801	1038
	算数平均值	MJ/m²·a	1211	1645	1286	1796	1279	888	936	985	1329
	中间值	MJ/m²·a	809	823	840	763	1032	734	749	728	811
	最大值	MJ/m²·a	2932	2312	2529	2932	2545	1909	2136	2741	2704
	最小值	MJ/m²·a	114	207	231	114	365	260	129	126	130
	标准差值	MJ/m²·a	544	539	581	779	468	366	422	449	688

来源：Report of Data-base for Energy Consumption of Commercial building 2009, Japan Sustainable Building consortium，2010.3.

全国年单位面积的一次能源是 935MJ/（m²·a），但关东、九州和东北地区在调查期间算术平均值都超过 1000MJ/（m²·a）。此外，全国每年单位面积一次能源消耗的加权平均是 1211MJ/（m²·a），而这个值受北海道和关东调查的建筑面积影响的可能性较大。

日本面向可持续发展的校园，东京大学开办了"东大可持续校园项目"[30]，在实践活动中起带头作用并致力于发展可持续发展社会。河野匡志等人调查了全国 60 所高校的能源数据并得出东京大学设施产生的 CO_2 排放量。[31] 渡边俊行等人分析了空调系统的能耗，并探讨了能源节约方法。[32] 渡边浩文调查了东北地区学校建筑能耗的实际情况。[33] 另一方面，在学校引进燃气—蒸汽联合系统（Combined Gas-steam System，简称 CGS），充分考虑化石燃料资源枯竭和全球变暖问题。张健[34] 分析了运行系统和一次能源效率。三濑农士研究了从 2004 年 11 月至 2005 年 10 月藤泽校区燃气—蒸汽联合系统的节能效果。[35-36]

1.3.3 中国

中国高校的高人口密度导致大学校园的能耗居高不下，因此我国各高校于 2010 年 6 月 11 日成立能源节约协会。据教育部 2009 年统计的数据，中国高校共 2166 所，2290 万学生，面积超过 6 亿 m^2。目前已有 30 所高校加入构建"绿色可持续校园"行动中，积极开展校园节能。

在中国很少有对大学校园能耗的报道。《中国能源统计年鉴》公布的数据只能说明中国每个地区总一次能耗（百万吨油当量）的基本数据，并没有涉及不同功能的能耗具体数据。《中国建筑节能年度发展研究报告》是由清华大学建筑节能研究中心发布的，报告分析了大学校园从 2009 年的电力消耗量的调查结果。但报告中的电力消耗量只针对大学校园用电的总体情况，列举的是总的能耗量。

基于对中国校园的调查，国内的研究者也作了许多相关研究，比如韦新东研究了吉林建筑与土木工程学院的能耗系统。谭洪卫以一所综合性大学为例分析了校园建筑能耗。[37] 卢丽研究和分析了广州的一所高校的能耗。[38] 朱丹研究了建筑能耗模拟并在北京师范大学的一次演讲中介绍了建筑节能的潜力。[39] 魏庆芃分析了大型公共建筑的分户计量系统。[40] 夏建军比较和分析了中国和美国的大学校园能耗。[41] 另一方面，也有基于城市政府合作背景下对公共建筑能耗的一些报告。

为了把握目前条件下中国大学校园里的能耗，我们调查 5 所理工类大学的 172 栋建筑的能耗：位于北京的清华大学，位于广州番禺区的华南理工大学南校区，位于杭州紫金港区的浙江大学紫金港校区，位于无锡蠡湖地区的江南大学，位于上海的同济大学。调查结果如下：

图 1-18 是建筑面积构成比。清华大学和同济大学建筑面积在 3000 ～ 6000m² 的比重最大，占总面积的 37%。至于其他 3 个校区，建筑面积在 10000 ～ 30000m² 最大，占的比例分别为 60%、48%、57%。图 1-19 是不同竣工年份构成比。华南理工大学南校区，所有的建筑都是在 2004 年竣工，江南大学蠡湖校区所有的建筑都是在 2006 年竣工。其他 3 个校区的大部分建筑都在 2000 ～ 2006 年竣工。图 1-20 是不同面积建筑的年度耗电量，图 1-21 是不同竣工年份建筑年度耗电量。表 1-2 是中国大学校园建筑的调查结果。位于无锡的江南大学蠡湖校区面积最大，平均值为 30029m²，江南大学的建筑面积最高值是 52217m²，最小值是 11554m²。在江南大学，所有调查的建筑都是大型建筑物，都是 2006 年竣工

的。总的年单位面积一次能源消耗为 56MJ/（m² · a），清华大学作为一个典型的北方校区，在调查的这一年已达到 79MJ/（m² · a），其次是浙江大学紫金港校区的 64MJ/（m² · a），同济大学 31 MJ/（m² · a），江南大学蠡湖校区 28 MJ/（m² · a），华南理工大学南校区 22MJ/（m² · a）。

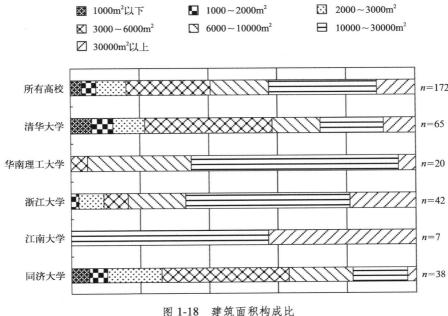

图 1-18　建筑面积构成比

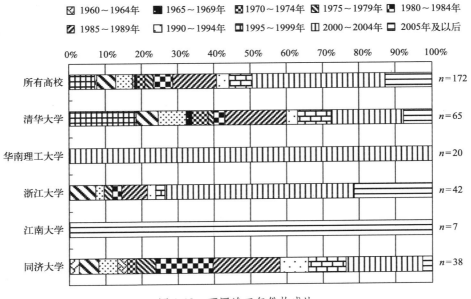

图 1-19　不同竣工年份构成比

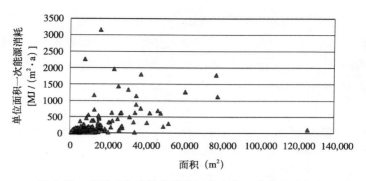

图 1-20　不同面积建筑的单位面积全年一次能源消耗量

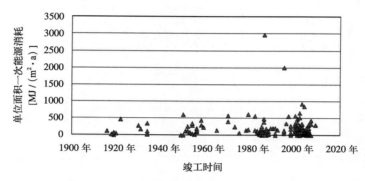

图 1-21　不同竣工年份建筑的年度单位面积一次能源消耗量

中国大学建筑的调查结果　　　　　　　　　　　　　　　表 1-2

项目名称		值	单位	全国	清华大学	华南理工大学	浙江大学	江南大学	同济大学
数量			座	172	65	20	42	7	38
建筑面积	平均值		m²	13492	11736	15503	18663	30029	6677
	中间值		m²	9237	4878	15460	14912	21649	5088
	最大值		m²	126000	126000	42319	78178	52217	31521
	最小值		m²	616	616	5802	1564	11554	691
	标准差值		m²	16034	19733	7865	15035	18918	6080
竣工时间	平均值		年	1988	1976	2004	1996	2006	1986
	中间值		年	2000	1986	2004	2002	2006	1987
	最大值		年	2009	2007	2004	2009	2006	2005
	最小值		年	1916	1916	2004	1950	2006	1949
	标准差值		年	23	28	0	15	0	16
年能耗	平均值		TJ	2.6	2.9	1.3	3.9	2.7	1.1
	中间值		TJ	1.0	1.0	1.1	2.9	2.4	0.4
	最大值		TJ	31.6	31.6	6.1	18.1	6.0	19.7
	最小值		TJ	0.0	0.0	0.3	0.3	0.0	0.0
	标准差值		TJ	4.4	5.6	1.3	4.0	2.0	3.2

续表

项目名称	值	单位	全国	清华大学	华南理工大学	浙江大学	江南大学	同济大学
年间单位面积一次能源消耗	加权平均值	MJ/m²·a	56	79	22	64	28	31
	算数平均值	MJ/m²·a	3261	1245	401	838	140	715
	中间值	MJ/m²·a	37	51	20	53	22	24
	最大值	MJ/m²·a	822	822	40	168	89	236
	最小值	MJ/m²·a	0	0	8	6	1	0
	标准差值	MJ/m²·a	84	122	9	40	29	46

1.4　中日大学校园建筑能耗和节能方法综述

大学校园作为教学科研和培养人才的基地，近年来随着我国教育事业的发展不断扩大建设规模和招生数量，不断更新的大型科研教学设备加上日益普及的多媒体网络技术应用，导致大学校园的整体能耗逐年增加。而对比日本大学校园，由于发展相对稳定，校园基础设施建设和科研设备更新也相对平缓，因此政府推行节能减排效果较好，整体建筑能耗逐年下降。本节内容对于中日大学校园建筑能耗的研究只涉及了大学校园调研建筑的一般概况和能耗总量。

以往的研究中多是基于建筑能耗总量的分析，基于实际的监测系统数据分析较少，尤其是缺失在能耗结构和单位面积能耗的详细数据的分析。为把握中日大学校园建筑能耗的实质特征，本书通过详细的实测数据深入分析，对所调研的不同建筑物、不同的用途、不同的使用时间、不同的负荷时期的能耗情况进行了整理。此外，通过找出不同建筑物的单位面积能耗峰值，提出节能建议并实施节能措施，以降低整个校园的建筑能耗。最后对节能减排措施进行评价，验证节能减排的效果。

其中详细分析了中国和日本各两所理工院校的建筑能耗现状和特点，首次阐明了中日同类校园建筑每小时的建筑能耗的特点。通过对调研高校的单位面积能耗现状的比较，讨论了理工类院校建筑能耗特点和节能策略，并对节能措施提出建议，验证实施改进策略之后对校园整体建筑能耗降低的影响。

本书中涉及的调研方法包括访谈调研、实测调研和问卷调研，具体内容如下：

1. 调研项目

（1）基本信息（建成时间、地上楼层、地下楼层、面积、供冷期、供暖期、建筑结构、温度设定、学生和教师的数量、时间等）。

（2）成本（电费、制冷费、投资预算、运营成本、维护成本等）。

（3）能源系统和设施（冷热源设备、空调、发电设备、设施的主要规格等）。

2. 实测数据

每小时能耗数据（燃料种类、电耗、气耗、冷耗、水耗等）。

3. 问卷调查

（1）节能措施及效果（主要的节能措施，已实施或未实施，正计划或无计划等）。

（2）主要的节能设备／技术（做过或没有做过，计划或无计划等）。

（3）能量管理系统（节能目标管理、投资预算、管理的标准、建立能源管理系统等）。

（4）设备运行管理（设置、使用、维护、检查测量仪器、每小时／每日／每月的消费记录、功率平衡、每年的对比图、电耗、冷耗、水耗的管理等）。

4. 计算分析

冷耗、电耗、单位建筑面积能耗、电耗的构成比、能耗的峰值。

5. 影响评价

环境影响评价、经济影响评价、节能影响评价。

6. 提案及验证

节能措施提案、更新设备提案、高效的能源管理提案、软件模拟分析提案、操作和维护的改进提案，以及对于提案后的节能效果进行模拟验证。

1.5　小结

当今在世界能源短缺、能源供需矛盾日益突出的问题下如何降低能源消耗，在全球温度日益增高的温室效应下如何减少温室气体（Green House Gas，缩写GHG）排放成为关注热点和亟待解决的问题。大学校园作为重要的教育教学基地，也是能源消耗大户，在教育层面和实施层面都有责任成为节能减排的领导者，降低能耗和对环境的影响，确保校园的可持续发展。由于大学校园的建筑年代、建筑功能和使用用途的不同，对校园整体能耗趋势的准确预测和把握就非常困难，因此在目前如何正确把握大学校园各种类型建筑用途的能耗特点和能耗结构，实施行之有效的节能方法，是成为"绿色校园"先锋的重中之重。

本章首先阐述了可持续大学校园建设的背景和意义，然后介绍了关注能耗研究和实施节能措施的必要性和定位。接着阐明了大学校园可持续发展的定义、指标，实现智能校园的步骤，最后介绍了大学校园建筑能耗和节能实施情况调研的方法。旨在反映日本和中国的大学校园的实际运行能耗，并提出对应的节能减排建议。尽管以往很多学者和研究人员针对日本和中国大学校园建筑能耗进行研究，但多数是根据参考文献和数据调研介绍了能耗总量和节能现状。通过实际的建筑面积进行单位面积能耗的研究仍然有重要的意义，而且可以用大量数据整理的单位面积能耗的平均值作为大学校园能源管理的参考指标。

日本针对单位面积能耗的研究是由早稻田大学建筑学科尾岛俊雄先生第一次提出的，并确定了进行单位面积能耗计算的理论方法。在1995年出版了《建筑光热水电原单位》(The unit of lighting, heating, water consumption in buildings)，该书长期作为日本大学校园建筑能耗研究的重要参考书目。自2005年，日本文部科学省（METI）进行了大学校园能耗的调查研究，建立《非住宅类建筑环境数据库》(Environment related database of non-residential buildings）。在这个数据库统计结果发现，大学校园建筑在非住宅类建筑里使用的能耗较大。日本商业建筑能源消耗数据基础调研（DECC）在三年内也陆续建立了相关的数据库，进行了从 2007 年到目前最详细和最全面的数据调研。本章中对于日本大学校园能耗数据是依据以上翔实的历史数据库资料，并通过对两所理工类院校进行的基于实际运行的实测调研，对能耗结构和单位面积能耗进行了实态数据分析。

我国针对建筑能耗的官方数据来源于《中国能源统计年鉴》和能源统计数据，里面收集了包括大学校园的能耗总量和大学校园的电力消耗一般情况。清华大学建筑节能中心的江亿院士主编出版的权威出版物《中国建筑节能年度发展研究报告》，每年中会对我国各类建筑能耗状况进行数据共享，其中也包括关于大学校园单位面积能耗的调查结果，以及我国各种建筑的能耗预测和节能措施分析，提出了适合我国国情的建筑节能战略和节能途径，为我国不同地区和不同建筑的适宜节能技术做出指导。2009 年，教育部、住房和城乡建设部和财政部在同济大学召开节约型校园工作会议，拉开我国开启节约型校园建设的序幕。2016 年 12 月，在首届中国绿色校园发展研讨会上，教育部学校规划建设发展中心发出《中国绿色校园发展倡议》，为绿色校园建设的事业奠定了坚实的基础。本章中的中国大学校园建筑能耗调研数据是基于中国绿色大学校园联盟中大学校园的建筑能源管理系统实时监测的数据，并通过对两所理工类大学校园建筑进行能耗结构和节能措施的实测调研，进行了对单位面积能耗的实态数据分析和节能方法的探索。

对比日本和中国大学校园建筑能耗数据，由于我国还处于发展中国家，国情体制、教育教学条件、大学校园建设年代和规模、建筑的围护结构和技术体系、地域建筑气候分区、校园形态和文化生活等都和日本有较大的差别，因此很难将日本和中国大学校园的建筑能耗值进行直接的比较。本章基于收集整理的日本和中国大学校园能耗数据的现状，按照建筑的建筑面积、竣工年份、建筑规模等进行区分，用构成比和四分位值的方式进行统计分析。期待这些真实数据的梳理能够更好的展现日本和中国大学校园建筑能耗的特点，为大学校园建筑能耗的研究提供参考依据。

本章参考文献

[1]　Yuetong HU. Development Trends of World Energy[D] .Master Thesis of Linköping University，2009.

[2]　International Energy Statistics of U.S. Energy Information Administration [EB/OL]. [2011-9-10]. http://www.eia.gov/todayinenergy/detail.cfm?id=5130.

[3]　Energy in Japan 2010[EB/OL]. [2011-9-10]. http://www.enecho.meti.go.jp/.

[4]　World Energy Outlook of International Energy Agency[EB/OL]. [2011-12-15]. http://www.iea.org/.

[5]　経済産業省資源エネルギー庁 .Energy White Paper 2010[EB/OL]. [2011-10-9]. http://www.enecho.meti.go.jp/topics/hakusho/2010energyhtml/index.html.

[6]　Framework Convention on Climate Change：UNFCCC [EB/OL]. [2012-2-23]. http://unfccc.int/2860.php.

[7]　Perazzoli，Laura. "Universities Pledge to go Carbon-Neutral and Earth-Friendly." [R/OL] //The John Hopkins Newsletter. College Media Network：2007. [2012-2-23]. http://media.www.jhunewsletter.com/.

[8]　エネルギーの使用の合理化等に関する法律(昭和五十四年六月二十二日法律第四十九号)[EB/OL].

http://law.e-gov.go.jp/htmldata/S54/S54HO049.html.

[9]　日本エネルギー経済研究所計量分析ユニット（編集）. EDMC エネルギー. 経済統計要〈2015〉[M].
日本財団法人省エネルギーセンター出版，2015.

[10]　文部科学省 HP. 大学等における省エネルギー対策－効果的な省エネルギー対策と管理標準の活
用 [EB/OL]. 2012-1.http://www.mext.go.jp/a_menu/shisetu/green/06062611/003.htm.

[11]　Transitioning to a Sustainable Campus [EB/OL]. [2011-3-7]，http://www.sustainablecampus.org/
universities.html#Define.

[12]　Homepage of US Green Building Council[EB/OL]. [2011-3-7].http://www.usgbc.org/DisplayPage.
aspx?CategoryID=19.

[13]　Eltayeb Salih Abuelyaman. Making a Smart Campus in Saudi Arabia[J], Educause Quarterly, 2008, 31（2）.

[14]　Intelligent campus definition[EB/OL]. [2011-3-7]，http://www.takenaka.co.jp/solution/needs/
smartcommunity/service04/index.html.

[15]　Owens Katharine A，Halfacre-Hitchcock Angela：As green as we think? The case of the College of
Charleston green building initiative[J]. International Journal of Sustainability in Higher Education，
2006，7（2）：114–128.

[16]　Susanne M. Savely，Arch I. Carson，George L. Delclos.A survey of the implementation status of
environmental management systems in U.S. colleges and universities[J].Journal of Cleaner Production，
2006：650-659.

[17]　Katherine A. McComas，Richard Stedman，P.Sol Hart，Community support for campus approaches to
sustainable energy use：The rule of "town-grown" relationships[J].Journal of Energy policy，2011，39：
2310-2318.

[18]　Homepage of the U.S. Energy Information Administration [EB/OL]. [2012-4-22]，http://www.eia.doe.
gov/emeu/cbecs/contents.html.

[19]　California survey data [EB/OL].http://www.energy.ca.gov/ceus/index.html

[20]　尾島　俊雄研究室. 建築の光熱水原単位（東京版）[M].早稲田大学出版部，1995.

[21]　早川　智，小峯　裕己. 事務所ビルに関する解析結果：業務用建築物におけるエネルギー消費原単
位に関する研究 その 1[J]. 日本建築学会環境系論文集，2004，578：85-90.

[22]　早川　智，小峯　裕己. 百貨店に関する解析結果：業務用建築物におけるエネルギー消費原単位に
関する研究 その 2[J]. 日本建築学会環境系論文集，2006，600：67-73.

[23]　韓　珺巧. 床用途に基づく総合スーパーマーケットのエネルギー需要量の予測手法に関する研究
[J]. 日本建築学会環境系論文集，2004，580：77-84.

[24]　ECCJ 省エネルギーセンター. 原単位管理ツール ESUM Ver.4. [EB/OL]. http://www.eccj.or.jp/
audit/esumt/index.html.

[25]　早川　智，小峯　裕己，猪岡　達夫，渡辺　健一郎，石黒　邦道，佐藤　孝輔. 事務所ビル用エネルギー
消費原単位管理ツール：エネルギー消費原単位管理ツールの開発 その1[J]. 日本建築学会環境
系論文集，2007，616：91-98.

[26]　佐藤　孝輔，小峯　裕己，猪岡　達夫，渡辺　健一郎，石黒　邦道，早川　智，橋本　信一. 対象用途の

拡大と計算機能の強化：エネルギー消費原単位管理ツールの開発 その 2[J]. 日本建築学会環境系論文集，2008，73：1045-1052.

[27] 日本エネルギー経済研究所 [EB/OL]. [2015-11-14]. http://eneken.ieej.or.jp/.

[28] 日本ビルエネルギー総合管理技術会 [EB/OL]. [2011-9-24]. http://www.bema.or.jp/.

[29] DECC- 非住宅建築物の環境関連データベース [EB/OL]. [2011-9-24]. http://www.jsbc.or.jp/decc/.

[30] 東京大学サステイナブルなキャンパス [EB/OL]. [2011-9-24]. http://www.tscp.u-tokyo.ac.jp/topics.html.

[31] 河野 匡志，柳原 隆司，花木 啓祐，磯部 雅彦，坂本 雄三. 国立大学施設における環境負荷低減手法に関する研究　東京大学における CO_2 排出量削減に向けた実効ある対策の計画と実践の事例 [J]. 日本建築学会環境系論文集，2011，666：722-727.

[32] 東 啓臣，赤司 泰義，渡辺 俊行. 大学キャンパスの空調エネルギー供給計画に関する研究：その 2 省エネ手法による 1 次エネルギー低減効果（環境工学）[J] 日本建築学会研究報告九州支部 2，環境系，2005，44：473-476.

[33] 渡辺 浩文，三浦 秀一，須藤 諭. 東北地方における学校建築のエネルギー消費に関する実態調査研究 [J]. 日本建築学会環境系論文集，2005，597：57-63.

[34] 張 健，許 雷. コージエネレーションシステムを用いた大学キャンパスにおけるエネルギー調査 ―コージエネレーションシステムの運転実態　その 1 [J]. 日本建築学会環境系論文集，2010，654：753-759.

[35] 三瀬 農士，佐藤 春樹，慶應義塾大学湘南藤沢キャンパスにおける電力および冷暖房需要の推定 [J]. 日本建築学会環境系論文集，2006，609：55-62.

[36] 三瀬 農士，藤 春樹. 慶應義塾大学湘南藤沢キャンパスにおけるコージエネレーションシステムの省エネルギー性および環境性評価 [J]. 日本建築学会環境系論文集，2007，616：51-58.

[37] 高彪，谭洪卫，宋亚超. 高校校园建筑用能现状及存在问题分析——以长三角地区某综合型大学为例 [J]. 建筑节能，2011（02）：41-44.

[38] 卢丽，宗通，徐琳，刘俊红，张林华. 广州某大学建筑能耗调查与数据分析 [J]. 山东建筑大学学报，2010，25（06）：647-651.

[39] 朱丹，李德英. 北京师范大学教四楼建筑能耗模拟和节能潜力分析 [C]. 中国建筑学会暖通空调分会，中国制冷学会空调热泵专业委员会，北京土木建筑学会暖通空调专业委员会，中国绿色建筑委员会公共建筑学组. 2009 年全国节能与绿色建筑空调技术研讨会暨北京暖通空调专业委员会第三届学术年会论文集，[C].2009.

[40] 王鑫，魏庆芃. 公共建筑能耗数据分析方法与分项计量 [C]. 中国建筑学会暖通空调分会，中国制冷学会空调热泵专业委员会. 全国暖通空调制冷 2010 年学术年会论文集，[C].2010.

[41] 魏庆芃，夏建军，常良，肖贺，张永宁. 中美公共建筑能耗现状比较与案例分析 [J]. 建设科技，2009（8）：46-49.

第2章 日本大学校园建筑能耗的分析

2.1 引言

如何有效的实行节能减排是减缓温室效应的重要研究课题。大学校园的可持续发展建设和节能减排行动必须掌握校园建筑的实际能耗，而由于综合性大学校园能耗在全国大学校园整体能耗中占重要比例，因此更不能忽视。日本大学校园根据环境标准的不同目标先后制定了节能减排计划，试图减少环境负荷。针对日本大学校园的建筑能耗研究，本书选取了坐落在日本南部福冈地区的北九州市的综合类大学校园，北九州科研园区 (Kitakyushu Science and Research Park，缩写 KSRP) 的北九州市立大学国际环境大学研究生院（以下简称为北九州市立大学校园），以及日本东京都的早稻田大学的西早稻田校区这两个案例研究。北九州市立大学校园是日本最典型的可持续校园，2009 年 6 月被日本新能源产业技术综合开发机构 (The New Energy and Industrial Technology Development Organization，缩写 NEDO) 评为生态校园。早稻田大学的西早稻田校区是东京最有名的理工校园，也是东京大学校园里建筑能耗使用最多的校园之一。

2.2 北九州市立大学校园

2.2.1 北九州市立大学校园概况

北九州科研园区成立于 2001 年，是北九州市重要的学术和研究中心。北九州科研园区是一个创新的复合体，包含国家级、市级和私立大学以及科研院所。图 2-1 是北九州科研园区的地图。北九州科研园区有 2500 名学生，其中包括 600 名海外学生、150 名教育教学人员和 200 名研究员。该园区有 4 所大学：北九州市立大学国际环境工学研究生院、九州工业大学生命科学与系统工程研究生院、早稻田大学信息生产系统研究生院、福冈大学工程研究生院和 60 家企业。这里选取北九州市立大学校园作为研究对象。

北九州市位于九州岛最北端，气候常年温暖湿润。图 2-2 是北九州市于 1981 ~ 2017 年的日平均气温。春天是 3 月中旬到 6 月中旬，这一季度气候温和，大约是 10 ~ 20℃。夏季是 7 月中旬到 9 月中旬，温度达到高达超过 30℃，湿度是相当高的。秋天是 9 月中旬到 11 月中旬，温度和春天差不多。冬季从 11 月开始，一直持续到 3 月中旬。冬季通常是阴天的，而且温度有时会低于 0℃，刮风时温度甚至更低。

北九州市立大学校园能源和水资源系统为学校教育教学和研究活动提供必要的能源和水资源，引入了分布式能源集成系统，同时积极采取了一系列的节能减排措施。不仅

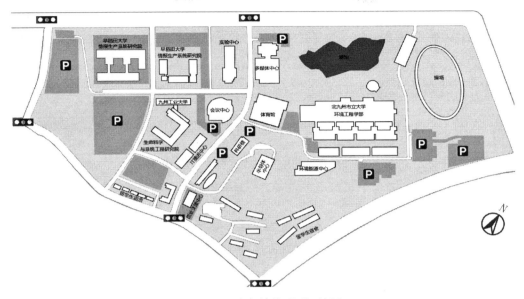

图 2-1 北九州科研园区地图

来源：http://www.ksrp.or.jp/english/access/map.html

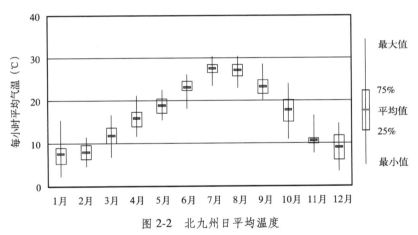

图 2-2 北九州日平均温度

来源：Statistic data from 1981-2017，Japan Meteorological Agency

保证各项节能措施的实施，还尽可能的节约水费和电费，提高经济效益。我们不仅掌握了北九州市立大学生态校园热电联产设备运行情况的相关数据，并且对整体能源管理系统的优化控制和存储功能进行了分析，来评价其是否满足节能要求。我们还对能源中心必要的辅助技术进行了调研，如废热利用平衡能源供需等。最后验证了这些措施在节约能源、提高能源利用率和减少 CO_2 排放量方面的效果。除此之外，北九州市立大学生态校园建设还期待通过雨水收集和中水利用的水循环体系，真正做到与自然生态系统和谐共生。

在北九州科研园区的北九州市立大学，充分利用了自然环境的光、风、水资源，通过引入自然能源来减少对环境的负担。具体做法包括以下 9 个方面：①有效利用自然风；

②有效地利用自然光；③屋顶绿化和墙体绿化；④利用地下进行预热或预冷；⑤中水循环系统；⑥生活小区自来水管道的维护；⑦光伏发电系统；⑧燃料电池；⑨热电联产的电力和热力供应。

2.2.2　能源和水资源系统

北九州市立大学校园能源系统和供水系统的调研分析和评价结果是基于实际运行的详细数据进行的。不仅分析了燃料电池和天然气发电机的电耗、维护管理、利用热回收的实际操作的情况，还分析了能源系统的发电效率和热回收率，供水、雨水、排水使用和再生水利用的构成比，最后评价了北九州市立大学校园整体能源和供水系统的运行情况。

北九州市立大学校园作为生态校园，为有效确保教学研究活动所需的能源和水量供应，并减少对周边环境的破坏，相继出台许多关于降低环境负荷的新技术。其中包括最早对北九州市立大学校园能源供应系统是否该引入小规模分布式能源系统进行的可行性研究，并对热电联产系统和太阳能光伏发电系统进行了节电效果评价。

在近年来的日本，分布式能源利用更加有吸引力，分布式能源利用问题的解决方案也越来越普遍。分布式能源系统是相对传统的集中式供能的能源系统而言的。传统的集中式供能系统采用大容量设备、集中生产，然后通过专门的输送设施（电网、热网等）将各种能量输送给较大范围内的众多用户。而分布式能源系统则是直接面向用户，按用户的需求就地生产并供应能量，具有多种功能，可满足多重目标的中、小型能量转换利用系统。与传统的能源系统相比，分布式能源系统有益于用能设备和终端用户。分布式能源系统可以降低能量输送成本，延缓输配电网升级换代，并在一定的条件下，可以保障电压和供能网络的稳定性。给客户或最终用户带来包括供电质量和可靠性提高、调峰、选择和降低能源成本方案等方面的好处。

位于能源中心的热电联产系统包括燃料电池和天然气发电机组。太阳能光伏发电系统设置在北九州市立大学的国际环境工学研究生院科研实验楼的屋顶。这种复合能源系统在能源产业技术综合开发机构（New Energy and Industrial Technology Development Organization，缩写 NEDO）的地区新能源引进推广业务的援助下得以投资建设和正式运行。

北九州市立大学校园的水资源使用是以降低环境负荷为主题，尽可能多地节约用水。校园采用了中水循环系统，即将收集的雨水和生活污水处理后在再生水循环系统中实现有效再利用。中水循环系统不仅收集雨水，而且处理同一时间排放的生活污水，如校园内建筑的厨房、浴室、实验室产生的非工业污水。被处理后的再生水主要用于冲洗厕所和灌溉校园内的景观植物。条件适宜时，中水还用于喷洒、冷却塔补给水和消防供水。

我们首先分析了北九州市立大学校园从建校开始的 7 年里的整体能耗和用水量数据，通过热水流入和流出的温差、每小时系统中热水流量的差值计算来分析能源系统。该能源系统由于通过热回收利用有效使用能源，热源系统设备的能效得到了提高。因此将该系统与传统的能源系统对比，在操作模式、能源应用和余热回收几方面分别进行分析、评价、比较和改进提案，以期提高科研园区整体能效和促进节能减排。

1. 能源供应系统

1）燃料电池系统

图 2-3 是北九州市立大学校园的燃料电池系统。200kW 的磷酸燃料电池（Phosphoric acid fuel cell，缩写 PAFC）用于提供园区的电力。其额定发电效率为 40%，两个回路的热回收率是 20%，一个利用 90℃ 高温，另一个利用 50℃ 回路回收热量。燃料电池除维护和修理设备或法定假日之外是 24 小时运行的。

图 2-3 燃料电池系统

2）天然发电机系统

北九州市立大学校园的天然气发电机系统如图 2-4 所示，该系统引入学校为各建筑提供电力和热能。这个系统的容量是 160kW，理论发电效率为 28.7%，热回收率为 47.7%，回热温度高达 90℃。

图 2-4 天然气发电机系统

3）太阳能发电系统

在北九州市立大学校园，有两个太阳能发电阵列安装在环境工程学院北部实验楼的屋顶上。图 2-5 是多晶硅太阳能电池的太阳能发电阵列，其安装在屋顶的倾斜工作台上。

多晶硅太阳能电池组件的总量为 912 块。每个模块的大小为 1120mm×971mm，面积是 1.006m²，倾斜的角度为 19.4°。太阳能电池板的转换效率达到 13.3%（额定转换效率是在 25℃时测量的）、最大输出功率为 145kW，设备容量达到 132kW。图 2-6 是单结晶硅太阳能电池的太阳能发电阵列。目前在建筑物的屋檐安装了 156 个双边玻璃单晶硅太阳能电池组件。模块的大小为 2500mm×750mm，面积为 1.008m²，倾斜角为 0°。太阳能电池板的转换效率达到 7.2%（额定转换效率是在 25℃测量的），最大输出功率为 135kW，设备容量达到 21kW。

图 2-5　多晶硅太阳能电池

图 2-6　单晶硅太阳能电池

图 2-7 是校园能源系统的流程。燃气发电机为校园建筑提供日常的电力和热能。燃料电池除了在某些特殊时期，如维护和修理设备或节假日，其他时间是 24 小时运行的。为了更好地掌握系统的运行情况，有必要对系统进行综合评价。将燃料电池和燃气发电机回收的热量用于为热水供应中加热冷水所需要的热量。靠燃气锅炉供给热量不足部分，

其中包括供暖和加热水的热量。来自燃料电池和天然气发电机的高温水，首先用于供暖，然后经过吸收式热泵加热生活热水。来自燃料电池的低温水的热量用来预热热水。

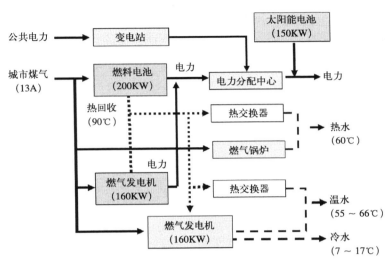

图 2-7　校园能源系统流程

表 2-1 是热电联产系统的性能燃料电池的容量是 200kW，设备满载运行的额定发电效率是 40%，热回收率为 20%，系统高温循环水温度为 90℃，低温水温度为 50℃。燃气发电机容量为 160kW，满载运行时的额定发电效率为 28.7%，热回收率为 47.7%，系统的高温循环水为 90℃（表 2-1）。

热电联产系统的性能　　　　　　　　　　　　　　表 2-1

项目名称	燃料电池	燃气发电机
设备容量（kW）	200	160
发电效率	40%（设备满载运行时）	28%（设备满载运行时）
热回收效率	20.0%（90℃高温水） 20.0%（50℃低温水）	47.7%（90℃高温水）
运行模式 *	24 小时运行	8:00 ~ 22:00 运行

*：燃料电池除维护、维修和节假日的期间，其余时间都是 24 小时运行；燃气发电机一般是在 8:00 ~ 22:00 期间运行，但是运行时间会根据电耗的不同而产生变化。这个系统以燃料电池为主，燃气发电机为辅。

该系统在规划时考虑了高效地利用能源，在燃料电池和燃气发电机发电的过程中利用余热进行加热、冷却和预热水。这里将北九州市立大学校园的综合能源系统作为研究对象，基于环境能源中心监测记录的建校 7 年间的数据，并结合对系统实际运行情况的调研，计算其系统的年发电量、余热利用量、电力发电效率、热回收率和一次能源利用率。

2. 水资源系统

水的再循环系统按照循环方式不同可分为如下 3 种：

（1）个体循环：为每个建筑提供维护和水处理设施的系统。

（2）区域循环：为区域循环建筑提供维护和水处理设施的系统。

（3）广域流通：为所有的水用户提供维护和水处理设施的系统。

水再循环系统在北九州市立大学校园区是第二种类型的循环。北九州市立大学校园区的供水区域如图 2-8 所示，其中再循环水系统在环保能源中心应用并且为会议中心、媒体中心、健身中心、半导体中心、IT 进步中心等提供水。

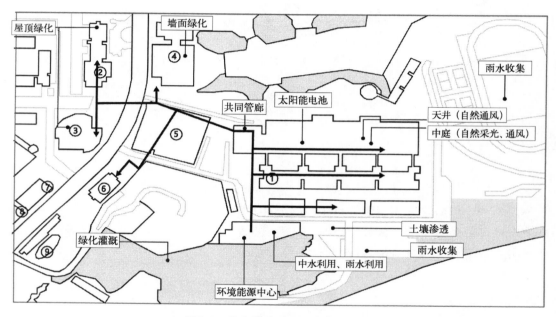

图 2-8 北九州科研园区水供给系统

①能源中心；②合作中心；③会议中心；④多媒体中心；⑤体育馆；
⑥半导体中心；⑦IT 推进中心；⑧ IT 合作建设 3 号；⑨企业创业支援中心

这一系统被采用主要是由于以下几个方面原因：

（1）水资源短缺。

（2）通过减少排水并且保持水资源处于良好状态，减少水负担。

（3）通过经济政策来促进有效利用水资源。

（4）减轻限制水的供应等给日常生活带来的不便。

（5）保证自然灾害时期水资源的安全性。

（6）节约自来水费和排污费用的成本。

图 2-9 是北九州市立大学校园水供给系统。整个系统循环可分为供水系统、雨水回收系统和污水再利用系统。清洁水是由自来水局提供的，雨水经过收集后存储在贮存雨水槽，然后流过共同管廊，与回收的生活污水分别在能源中心进行处理。回收的雨水可

以用来灌溉喷洒和冷却塔补给水。在这里，用构成比、替代率、利用率来进行整个校园中水循环系统的评价。

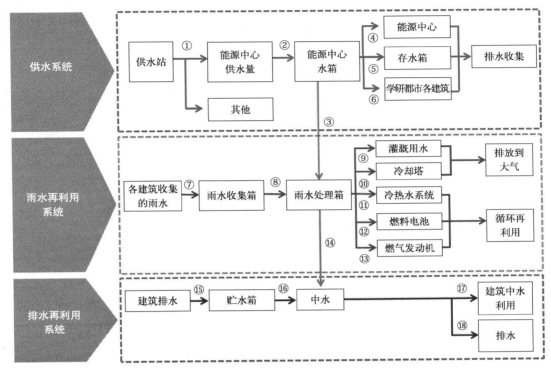

图2-9　北九州科研园区水循环系统

供水系统提供满足水循环中最大需求的供水量。水表是测量用水量的一种装置，水表在每座建筑都有设置，应用于能源中心和水服务站的水源系统计量。能源中心的管理数据采集仪表安装在系统的各个地方，用来掌握各个分支的建筑能源和水资源系统实际运行的详细数据。

2.2.3　调研分析

图2-10是北九州市立大学校园的供电系统，通过该系统将电能供应到园区不同的建筑物。图2-11是北九州科研园区的热能供应系统，通过该系统将热能被提供给不同的建筑物。供热建筑包括科研楼、实验楼、媒体中心、仪器仪表中心、合作中心、健身中心和会议中心。

2.2.4　建筑能耗分析

1. 电力消耗

图2-12是全年的能源消耗量。从图中可以得出结论，校园总用电量达到6270.2GWh，并且供冷期（在5月27日～10月15日）比其他时期消耗更多的电力。总供电量由四部分组成：燃料电池、天然气发电机、太阳能光伏发电系统和公用电力。燃料电池供电量

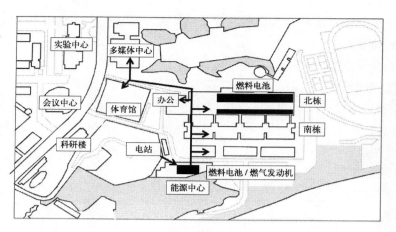

图 2-10 供电系统

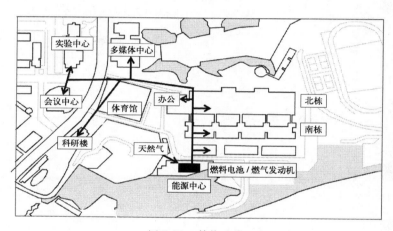

图 2-11 供热系统

来源：Yingjun RUAN，Integration study on distributed energy resource and distribution system[D].

The University of Kitakyushu，March，2006

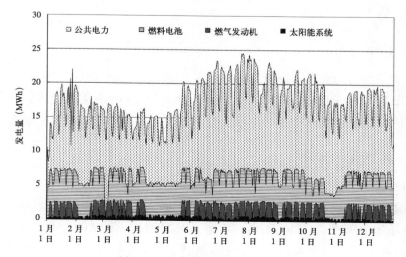

图 2-12 全年每日的电力发电量

1661.8GWh 占 26.5%，天然气发电机供电量 496.2GWh 占 7.9%，太阳能光伏发电系统供电量为 152.1GWh 占 2.4%，三省总供电量合计为 2310.1GWh，占整体供电量的 36.8%。总供电量中其余不足部分电量从公用电力买电，计 3960.1GWh。其次是天然气发电机除了对设备的保养和维修期间（3 月的 3 号～5 号），燃料电池每天为消费者固定提供电力 4.8MWh。天然气发电机的日平均发电量为 2.2MWh/d，波动较大。太阳能发电系统的发电与日照波动几乎同步。太阳能发电系统的发电量只有总用电量 2.5%，天然气发电机、燃料电池和公用电力分别占 8.2%、27.6% 和 61.7%。

图 2-13 是全年每天 24 小时的逐时用电负荷。从图中可以发现，太阳能发电系统从上午 7：00 到下午 6：00 产生电力，12：00 达到最大值，占电力总需求的 8.7%。燃气发电机一般在 8：00 ～ 22：00 运行，而在此期间，燃气发电机提供 17% 的电量。燃料电池在全天 24 小时期间不间断地产电。在每天的任何时候，公用电力消耗几乎达到电力总消耗量的一半。

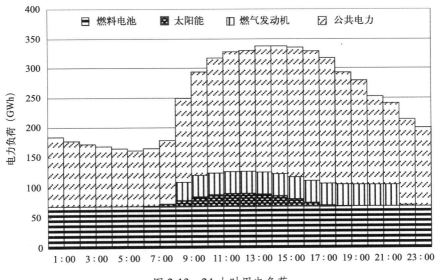

图 2-13　24 小时用电负荷

图 2-14 是每月总电力供应的构成比。从这些数据中可以看出，太阳能发电系统发电量在 6 月达到最大值，12 月是最低值。燃料电池产生的电力稳定，每月提供总发电量的 26%。最高值出现在 4 月，约 34.7%。燃气发电机每个月波动较大。最高为 59.9MWh（8 月），最低为 16.5MWh（4 月）。在能源供应系统，电力缺口由公用电力供应，公用电力供应总需求的一部分，约 57% ～ 66%，平均为 62.7%。公用电力的电量介于 238.2MWh（4 月）～ 421.2MWh（7 月）之间。总的用电量达到 4599.3MWh。每个月的电力需求随时间而变化。最大值发生在 7 月是 637.5MWh，最小值发生在 4 月约 414.8MWh。

图 2-15 是校园用电的长期变化。电力的使用量有逐年增加的倾向。

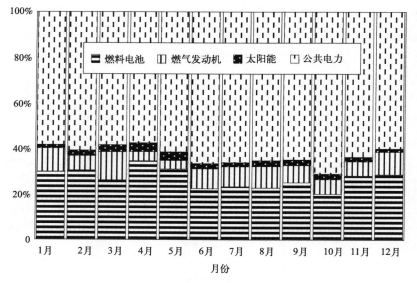

图 2-14　每月用电量构成化

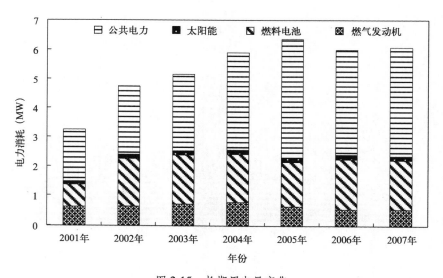

图 2-15　长期用电量变化

2. 热回收利用

在这个系统中，燃气发电机和燃料电池的回收热量包括得到利用的部分和未得到利用的部分。图 2-16 是 2007 年余热回收利用量。根据当年的波动情况，这种排热系统中的未使用量是非常高的。尤其是在冬天，未使用的排热量占总排热量的 60% 以上。事实上，采暖和热水供给是有效利用回收热的主要部分，高达 80% 以上。在不需要加热和冷却的时期（4 月 19 日至 5 月 18 日和 10 月 19 日至 11 月 14 日）热回收量的利用格外少，主要是用于热水供应，在夏季则用于空调。

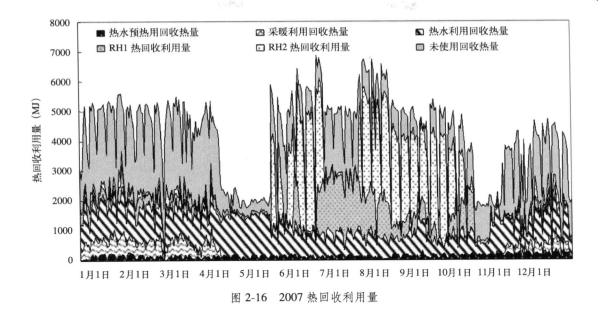

图 2-16 2007 热回收利用量

2007 年每个月的热回收率如图 2-17 所示。在夏季，冷热水机 RH-1 和 RH-2 利用大量排热，超过全部的 70%，甚至在 8 月超过 85%。在冬季，大部分排热量用来供热和热水供给，超过全部排热量的 80% 并在 1 月到 3 月期间超过 90%。一般情况下，用于预热和热水供应的热交换器排热量没有大幅改变。

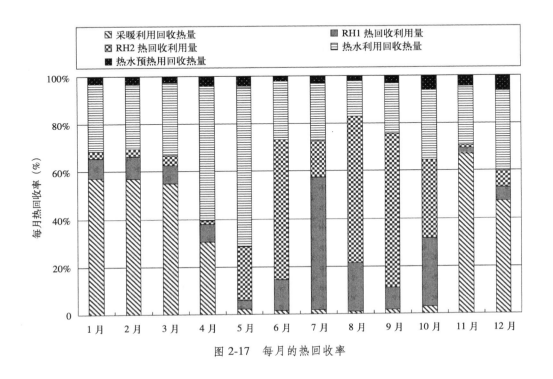

图 2-17 每月的热回收率

3. 发电效率和热回收率

发电效率是发电系统的一个重要的评价指标。发电效率可以由发电量（GJ）除以一次能源使用量来表达。

图 2-18 是燃料电池和天然气发电机发电的效率。由此可以得出结论，燃料电池发电时间更长，每年可达 8611h，发电效率稳定。其中有 81h 的发电效率大于 35%；有 8603h 发电效率大于 25%，占整体发电小时的 99.9%。天然气发电机每年运行 3677h，具有更低的发电效率。91% 的时间实现发电效率为 25%～28%，低于额定值的 28.7%。

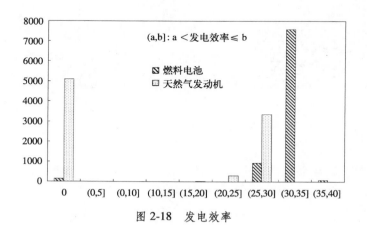

图 2-18　发电效率

热回收率和热回收利用率是天然气—蒸汽联合重要的评价指标。热回收率可以由热回收量（GJ）除以一次能源使用量来表示。每小时热回收率的计算结果显示在图 2-19 中，这是燃料电池和天然气发电机的热回收率的频度分布。其结果可总结如下：①燃料电池运行时间更长，大约 8511h。而天然气发电机在一年中只运行了 3648h。②燃料电池有稳定和较低的热回收率的时长为 3403h，占总运行时间的 40%，合计 8511h，此时热回收率低于 20%，低于额定热回收率值 40%。同时天然气发电机的热回收率低于额定效率 47.7% 的时间是 3218h，占 88% 的运行时间。

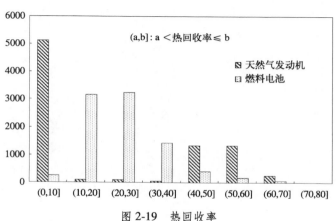

图 2-19　热回收率

4.供水系统

自来水局的供水系统每 2 个月结算一次水费。图 2-20 是北九州市立大学能源中心的供水量，图例①是 2007 年的供水总量。图例②是水箱储水量，图例③是能源中心供水量，和到各个建筑的水量，包括能源中心的用水量，以及贮热水箱、校园的每个建筑物的供水量。

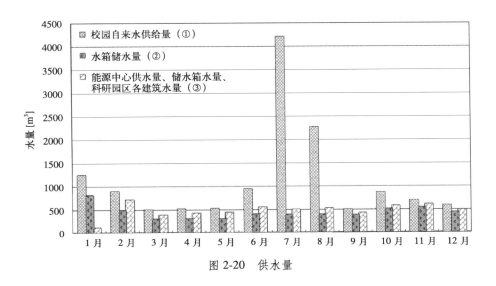

图 2-20   供水量

在北九州市立大学校园，雨水是沿着共同管廊的雨水收集管槽流入能源中心的雨水储存罐中的（见图 2-9）。收集的雨水经过一期处理，用于喷灌、冷却塔的补给水。在夏季，尤其是 7 月由于大量使用空调机和制冷机，冷却塔循环水中大量蒸发。在这种情况下，收集的雨水被用于弥补原本需要由自来水补给的水量，有效地作为冷却塔补给水使用（图例⑧）。图 2-21 是一年中雨水量的收集量由于雨水收集量的大小与天气有关，当遇到台风或者是 7 月、8 月的雨季时间（图例⑥⑦），雨水的收集量较大。

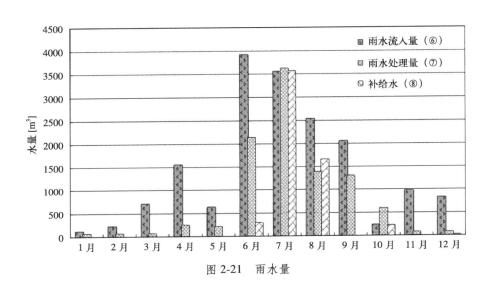

图 2-21   雨水量

雨水收集量变化最明显的 7 月，集水量的变化如图 2-22 所示。7 月的气象资料如图 2-23 所示。根据该曲线的趋势和峰值，水量的变化很容易观察出来，尤其是雨水量与气象的关系是明确的。排水回收占中水的 1/2，虽然由于设备投入和后期维护管理的费用问题，并没有明显降低从自来水公司购水的费用。但是，通过中水系统中的再生水来代替冷却塔补给水或者向大气中或地面灌溉用的喷洒水，不失为一个降低成本的好方法。

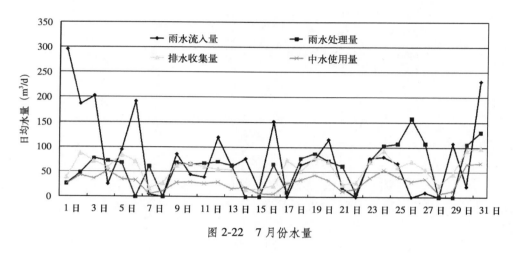

图 2-22　7 月份水量

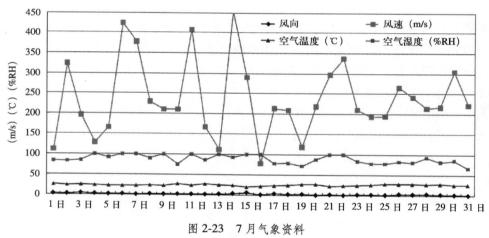

图 2-23　7 月气象资料

如图 2-24 所示，在逐年每月的中水量变化中，3 月和 9 月的中水使用量比其他几个月要少一些。第一年的春季学期，由于进入学校的学生数量比往年增加了 1/3 左右，用水总量较其他月份有明显增加。

北九州市立大学校园的供水构成比如图 2-25 所示。能源中心占供水总量的比例是最高的，可以达到 58%。其他建筑的使用水量依次为体育馆占 13%，报告厅 6%，媒体中心 6%，实验中心 6%，创业支援中心 5%，在环境能源中心。雨水处理池的补充比例是 18%，而超过 10% 的纯净水用于北九州市立大学校园区。雨水回收的构成比如图 2-26 所示。回收的 96.9% 的雨水用于冷却塔补给水。

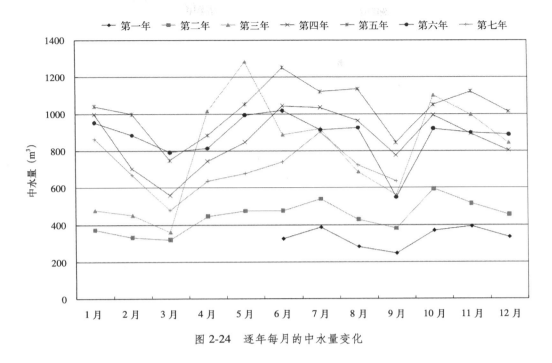

图 2-24　逐年每月的中水量变化

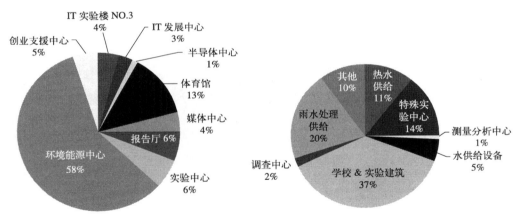

图 2-25　北九州市立大学校园供水量构成比

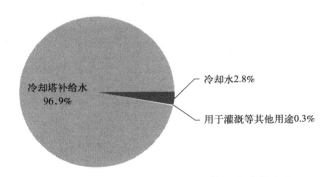

图 2-26　北九州市立大学校园回收雨水的构成比

2.3 早稻田大学西早稻田校区

2.3.1 西早稻田校区概况

早稻田大学始建于 1882 年,是日本著名的研究型综合大学,其中包括 13 个本科学院,23 所研究生院和其他研究及附属机构。2018 年年底入学的学生总人数为 52432 人,包括 41051 名本科生和 8385 名硕士研究生,教师和工作人员的总人数为 1996 人。主要有六个校区:早稻田校区、西早稻田校区、户山校区、日本桥校区、所泽校区、北九州校区。其中西早稻田校区为创造理工学部,以早稻田大学的科学与工程专业领域为主的理工类校区。图 2-27 是西早稻田校区的地图,西早稻田校区的总面积是 44894m²。

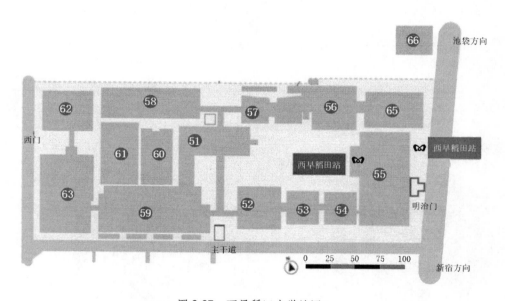

图 2-27 西早稻田大学地图

来源:Homepage of Waseda University,http://www.Waseda.jp/eng/about.html

图 2-28 是东京一年的日平均气温。春天是 3 月中旬至 6 月中旬,气候温和,温度为 14 ~ 22℃。雨季是从 6 月中旬到 7 月中旬。夏季从 7 月中旬持续到 9 月,温度超过 25℃,湿度相当高。秋天是 10 月到 11 月 20 日左右,与春天温度相似。冬季从 11 月 20 日之后开始,一直持续到 3 月中旬,冬季温度一般在 2 ~ 12℃之间。

近年来,日本能源管理系统和节能法律改革已经获得了很高的全球关注。大学作为知识传播的教育机构,有许多不同的建筑和不同的特殊性,它应该承担更多的节能责任。指定机构有责任减少 CO_2 排放量,以东京为首推出了能耗的法律制度改革。如果大学校园的规模变大,能耗将迅速扩大。特别是早稻田大学西早稻田校区的科学与工程学院,研究室所在的建筑能耗构成比是很大的,因为它一年 365 天每天 24 小时不间断运行。

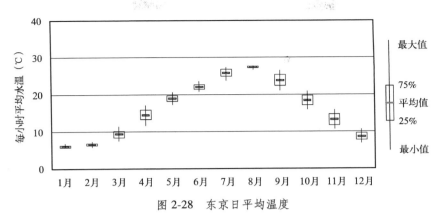

图 2-28 东京日平均温度

来源：Statistic data from 1981-2010，Japan Meteorological Agency

一方面，从 2010 年起，所有的公共建筑都有责任根据日本文部科学省（Ministry of Education，Culture，Sports，Science and Technology 简称 MEXT）发布的节能方针来降低 CO_2 的排放量，包括大型和中小型企业的公共建筑型，其中也包括大学。东京制定的到 2008 年总节能减排义务中规定，如果指定的企业不能在 2010 年完成 CO_2 减排义务，将处以罚款。另一方面，各种用途的建筑物的能耗截然不同，比如研究类、实验类、教育和行政办公类，以及混合功能使用的科技类综合建筑。特别是经常用于研究和实验的建筑，比正常办公建筑消耗更多的能量。

表 2-2 是早稻田大学的 3 个主校区的概况。2008 年东京 62 所大学的年度 CO_2 排放量和面积之间的相关性如图 2-29 所示。西早稻田校区每年的 CO_2 排放量高于其他校区。比较西早稻田校区和早稻田大学其他校区的科研类建筑，理工学院的能耗是最多的。图 2-30 展示了早稻田大学 4 个主要校区每月使用的一次能源。西早稻田校区是早稻田大学几个校区中耗能最大的校区。

早稻田大学 3 个校区概况   表 2-2

	主要功能	面积	使用面积（m²）
早稻田校区	政治学和经济学学院、法律学院、教育学院、商务学院、国际研究所、行政部门	147198	124671
富山校区	文学、艺术和科学学院、学生会馆	60884	32934
西早稻田校区	科学与工程学院	119210	44894

	学生人数（人）		教职工人数（人）				总数
	本科生	研究生	专职教师	助理	办公人员	兼职教师	
早稻田校区	24027	4821	716	124	119	1929	31736
富山校区	7783	713	171	26	7	579	9279
西早稻田校区	5496	2596	360	128	140	879	9599

因此这里将重点放在西早稻田校区的实际调查，其中涉及不同功能、不同建筑年代、不同用户和不同时期的建筑的能耗。选择一个建筑在不同时间段里实际能耗进行分析比较，然后根据耗能的特点和规律提出如何进行节能的建议。

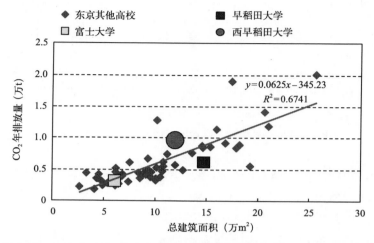

图 2-29　2008 年东京 62 所大学的 CO_2 排放量和建筑面积之间的相关性

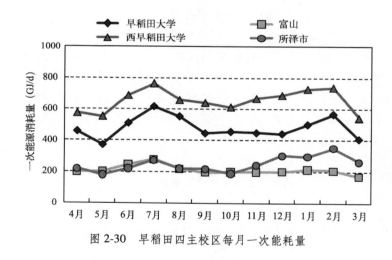

图 2-30　早稻田四主校区每月一次能耗量

2.3.2　调查方法

这里的电力消耗数据是根据 2009 年电表计量的实际数据进行计算的。西早稻田校园每个建筑物的电源电路上都安装了计量电表。每栋楼的电力消耗根据电表记录的数据可以计算出来。

以 55 号馆北栋为例，共有 20 台电表分别安装在建筑每一层，建筑面积按照 3.6m×9.2m 进行划分，每个区域设置一台电表。其中的 16 套电表都可以从外面通过玻璃窗读数，通过计算电表计量来确定不同时间段的用电量。因为该读数的电表所测得的电量都与各个研究室一一对应，所以就可以通过电表读数来确定各研究室在不同时间段的用电量的大小。图 2-31 是标准层和 55 号馆北栋建筑中电表的安装位置。其中有 4 套电表所在的位置被通道中的杂物堆积遮挡，所以没有办法确认实际的读数，因此这几个房间的电量也没有办法考证。总共在该建筑中有 31 间研究室的电量可以通过这种方式确定。西早稻田校区区域的所有研究室用电超过 50%，通过电表掌握不同部门的电力消耗，将有助于提高各个部门的节能意识，从而营造更好的环境。

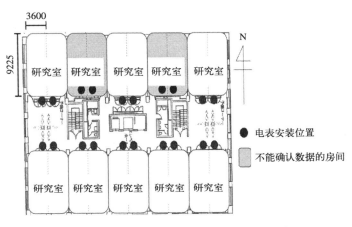

图 2-31　55 号馆北栋建筑标准层电表的安装位置

2.3.3　建筑概况

51 号馆于 1994 年建成，位于日本早稻田大学的西早稻田校区的中心，高 65.24m。包括地下 2 层和地上 18 层，建筑面积为 21713m²。这栋楼的建筑面积是校区里最大的，有各种不同功能房间，包括实验室、研讨室、办公室、图书馆和学生休息室等。空调系统单独设置在每一个房间。51 号馆面积和外观如图 2-32 所示。

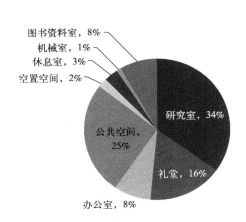

图 2-32　51 号馆的外观与各功能空间面积构成比

52～54号馆的一个主要部分的外观和面积构成比如图2-33所示。这3座建筑的面积分别是4010m²、2645m²、2645m²。此外，这3栋建筑作为一个整体进行研究是因为3栋建筑的电力测量系统是在一起不可分的，而且3个建筑物使用功能和结构基本相同。

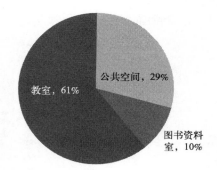

图2-33 52～54号馆的外观与各功能空间面积构成比

图2-34中的55号馆分为南、北两部分，建筑面积为20638m²，实验室房间的面积占总面积的50%以上。基本上一年365天全天开放，是西早稻田校区最大的耗能建筑物之一。

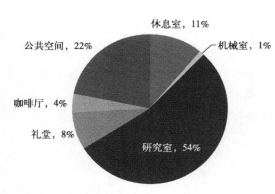

图2-34 55号馆的外观与各功能空间面积构成比

图2-35是56～57号馆的面积构成比和外观。56号馆的总建筑面积为7146m²。57号馆总面积为3228m²。这两个相邻的建筑物也因为共同进行电力测量而视为一个整体，数据也是相同的。食堂设在地下一层，教室在一层，基础试验室和研究室在四层和五层。

57号馆二层有一个大教室可容纳450人，顶棚净高度3m。在一楼还有CAD室，文具店、商店、食堂在地下一层。

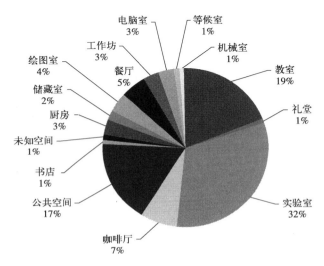

图2-35　56～57号馆的外观与各功能空间面积构成比

图2-36是58号馆的面积构成比和外观。总建筑面积为5745m²。58号馆因其功能作为主要的研究和实验，这里的办公房间用于管理实验室设备和测试用机器设备。

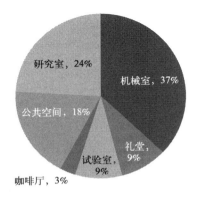

图2-36　58号馆的外观与各功能空间面积构成比

图 2-37 是 59 号馆的面积比和外观。59 号馆总建筑面积为 7467m²。它和 58 号馆同样也是一个研究类建筑，主要是研究室、机械室和试验室。

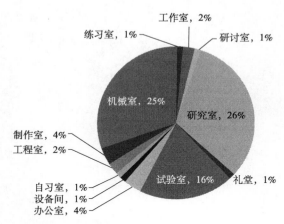

图 2-37　59 号馆的外观与各功能空间面积构成比

图 2-38 是 60 号馆的面积比和外观。60 号馆总建筑面积为 4563m²，空房间的面积为 410m²，使用频率低于其他建筑。在地下室一楼，有大型的重油锅炉为每栋楼提供热水。因为大学在 2011 年采取了节能措施，重油锅炉在 2013 年已完全停止运行。

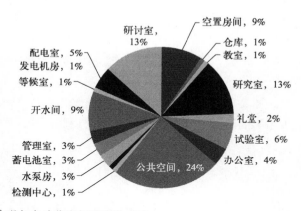

图 2-38　60 号馆的外观与各功能空间面积构成比

图 2-39 是 61 号馆的面积比和外观。61 号馆总建筑面积为 7700m²。试验室及研究室占总建筑面积的 36%，有 1283m² 的建筑面积没有有效地利用。

图 2-40 是 62 号馆的面积比和外观。62 号馆总建筑面积为 4588m²。公共区域几乎占了总面积的一半，其次是研究室占 32%，会议室占 8%，试验室占 4%。

图 2-41 是 63 号馆的面积比和外观。这是该校区最新的建筑，竣工于 2007 年 3 月。总建筑面积为 20504m²。公共区域占总楼面面积的 42%，其次是研究室占 24%，办公室占 6%。

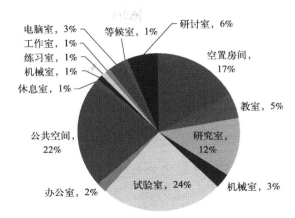

图 2-39　61 号馆的外观与各功能空间面积构成比

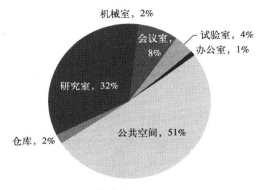

图 2-40　62 号馆的外观与各功能空间面积构成比

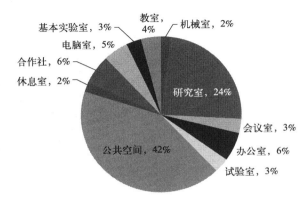

图 2-41　63 号馆的外观与各功能空间面积构成比

图 2-42 是 65 号馆的面积比和建筑外观。该馆总建筑面积为 5388m²。研究室占总建筑面积的 50%，其次是公共场所占 39%，试验室占 13%。

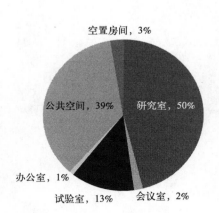

图 2-42　65 号馆的外观与各功能空间面积构成比

2.3.4　建筑能耗分析

日本早稻田大学的西早稻田校区使用 3 种能源：电力、天然气、重油。电力占能源比率最大，用于照明、空调、电插座和其他的用途。天然气用于厨房的烹饪和部分空调系统；这里的空调系统天然气压力是中等压力 (0.1 ~ 1MPa)，烹调是用低压天然气（小于 0.1MPa）。重油用于锅炉供热，重油消耗量逐年减少，计划在未来停止使用。

一次能源的转换系数如表 2-3 所示。虽然重油在过去几年的使用量有所下降，但是天然气和电力的整体消耗有所增加，校园的总能耗因此有轻微的增加趋势。63 号馆建于 2008 年，校园的建筑总面积增加，单位建筑面积能耗并没有随着建筑面积的增加而成降低。也就是说，增建了 63 号馆后增加的能耗高于原有建筑降低的能耗，造成了校园整体能耗稍有增加的状况，可以把它们看作是一个用能需求稍有增加的整体。

一次能源转换系数　　　　　　　　　　　　　　　　　　表 2-3

	数值	单位	文献
电力（白天）	0.00997	GJ/KWh	The value defined by "The energy saving law about rationalization of energy use", http//www.eccjor.jp/law/pamph/outline/index.html
重油	39.1	GJ/KL	
天然气（13A）	0.045	GJ/Nm³	Tokyo Gas HP, http://eee.tokyo-gas.co.jp/eco/faq.html

2009 年每月的能耗量和平均温度如图 2-43 所示，每月的能耗量见表 2-4。由图中可以看出，8 月的平均气温最高，但 7 月是整个能耗的高峰期。这是因为 7 月是考试阶段，8 月开始暑假，因此学生活动减少。能耗量在冬天的 1 月达到另一个高峰。

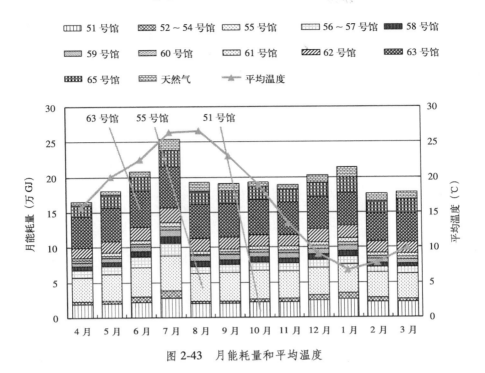

图 2-43 月能耗量和平均温度

月能耗量 （kWh） 表 2-4

kWh	51 号馆	52～54 号馆	55 号馆	56～57 号馆	58 号馆	59 号馆	60 号馆	61 号馆	62 号馆	63 号馆	65 号馆
四月	192900	38500	344100	104600	56500	55500	29900	35500	143200	447000	163100
五月	198800	43600	379400	115900	60400	58800	31300	40000	165800	484800	173900
六月	227200	68400	425800	154200	75700	70400	35700	45400	189500	523100	196600
七月	282300	105300	497400	184400	93800	98900	46100	56900	212300	583600	241100
八月	205500	30300	402100	97100	75300	70000	26400	49500	176300	486000	183300
九月	202500	30800	414300	108100	72000	73200	37900	37900	175600	483200	181900
十月	219300	40600	408700	123800	69500	73900	39500	43600	166500	509400	175500
十一月	221600	52900	386800	116300	70400	72900	38400	55300	163900	475400	182700
十二月	245800	68600	400600	112500	74200	75600	46400	55300	185700	461900	200000
一月	260500	86000	416000	114600	78000	73700	47200	54900	185900	465500	220400
二月	223000	58400	361700	82800	56000	57400	38500	42500	161000	406700	172900
三月	223100	37000	367600	89400	51200	57200	39600	44300	171100	409000	203000

图 2-44 是学校 2009 年每日单位面积能耗和平均气温。从 2 月中旬到 3 月和 4 月期间，能耗总量达到 600GJ/d。在 5 月、10 月、11 月几乎达到 700GJ/d。能耗总量的最大值是 7 月 16 号的 939GJ/d。单位面积能耗的最大值为 4.58MJ/ (d·m²)。

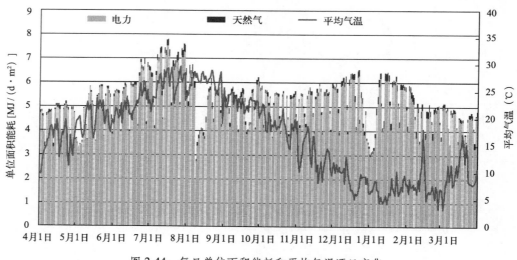

图 2-44　每日单位面积能耗和平均气温逐日变化

因为大学校园有上课和不上课两个时期，所以在供冷、供暖和非供冷非供暖不同时期，能耗变化很大。为了掌握能耗量的趋势，用工作日进行分类的能耗数据来区分每个时期的功率消耗，并且计算出其平均值，结果在表 2-5 ～ 表 2-10 中列出。表 2-5 是整个校园在不需要供暖和供冷的上课期间的电力消耗。表 2-6 是整个校园上课期间需要制冷时的用电量。表 2-7 是整个校园上课期间供暖期的电力消耗。表 2-8 是整个校园在假期期间无须供暖和供冷时期的用电量。表 2-9 是假期期间需要供冷时的电力消耗。表 2-10 是假期间需要供暖时的电力消耗。假期间的电力消耗是很小的，因为大多数学生不去校园。

上课期间非供暖和供冷期的耗电量　　　　　　　　　　表 2-5

	总能源消耗量（MWh）	天数（d）	平均单位 [MJ/（d·m²）]	标准差
周一	607.5	10	1.84	3.39
周二	561.7	9	1.89	4.18
周三	559.8	9	1.88	4.22
周四	492.9	8	1.86	3.96
周五	615.8	10	1.86	3.71
周六	464.9	9	1.56	2.94
周日 / 假期	890.7	20	1.35	4.28

上课期间供冷时期的耗电量　　　　表 2-6

	总能源消耗量（MWh）	天数（d）	平均单位 [MJ/（d·m²）]	标准差
周一	1010.9	14	2.18	7.75
周二	967.0	13	2.25	7.22
周三	972.1	13	2.26	7.90
周四	965.5	13	2.25	9.11
周五	943.7	13	2.20	8.65
周六	730.3	12	1.84	7.36
周日／假期	600.0	12	1.51	5.58

上课期间供暖期的耗电量　　　　表 2-7

	总能源消耗量（MWh）	天数（d）	平均单位 [MJ/（d·m²）]	标准差
周一	555.8	8	2.10	2.58
周二	699.6	10	2.12	3.20
周三	623.8	9	2.10	3.32
周四	632.2	9	2.13	2.51
周五	627.1	9	2.11	3.22
周六	530.6	9	1.78	2.21
周日／假期	477.5	10	1.44	1.28

假期无供暖和供冷期的耗电量　　　　表 2-8

	总能源消耗量（MWh）	天数（d）	平均单位 [MJ/（d·m²）]	标准差
周一	275.9	5	1.67	2.12
周二	276.5	5	1.67	2.66
周三	277.9	5	1.68	2.71
周四	277.7	5	1.68	2.13
周五	223.4	4	1.69	2.09
周六	239.1	5	1.45	1.45
周日／假期	288.1	7	1.25	1.30

假期供冷时期的耗电量　　　　表 2-9

	总能源消耗量（MWh）	天数（d）	平均单位 [MJ/（d·m²）]	标准差
周一	424.6	7	1.84	11.74
周二	445.0	7	1.92	9.30
周三	448.3	7	1.94	9.02
周四	512.0	8	1.94	7.42
周五	511.4	8	1.93	7.35
周六	462.9	9	1.56	12.02
周日／假期	578.6	12	1.46	6.32

假期供暖时期的耗电量　　　　　　　　　　　　　　　　　表 2-10

	总能源消耗量（MWh）	天数（d）	平均单位 [MJ/（d·m²）]	标准差
周一	260.2	5	1.57	7.27
周二	169.2	3	1.71	1.62
周三	204.5	4	1.55	6.53
周四	243.7	4	1.84	3.29
周五	297.0	5	1.80	2.68
周六	250.9	5	1.52	3.45
周日/假期	498.3	12	1.26	5.38

考虑单位面积能耗的特点，重要的是要阐明工作日、周末和节假日不同时期的能耗量特点。图 2-45 是整个校园每小时的平均单位面积能耗。整个校园的最大能耗是从 15：00 ～ 16：00，工作日、周末和节假日分别是 $31.73W/m^2$、$23.74W/m^2$、$17.68W/m^2$。工作日、周末和节假日的平均用电量分别为 $22.98W/m^2$、$19.33W/m^2$ 和 $16.00W/m^2$。节假日晚上的能耗占到总消费量的 31%，其次是周末的晚上为 28%，平日晚上是 24%。值得注意的是：研究活动也在晚上进行，除了服务器和设备 24 小时运行，测试样机也一直处于工作状态。

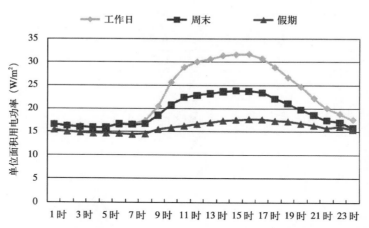

(W/m²)	周六	周日	周一	周二	周三	周四	周五	平均
平均值	13.6	13.4	16.6	16.9	16.2	16.5	16.6	15.7
最大值	17.8	18.2	23.8	24.9	22.4	24.3	23.6	22.1
最小值	9.76	10	11.1	10.7	11.1	11.6	11.7	10.9

图 2-45　不同时期电耗原单位

图 2-46 是 51 ～ 59 号馆每小时的单位面积能耗，图 2-47 是 60 ～ 65 号馆每小时的单位面积能耗。除了 52 ～ 54 号馆在 10：00 达到最大值，其他建筑都在 15：00 ～ 17：00

期间达到峰值。建筑物周末和假期每小时的单位面积能耗是平日 1/2。

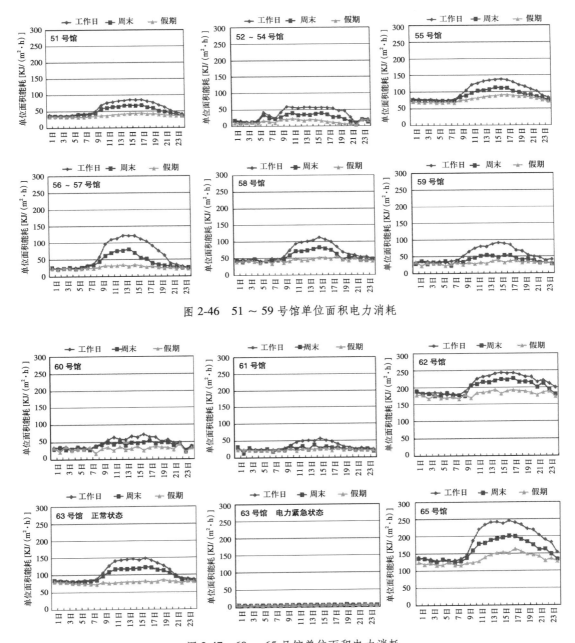

图 2-46　51～59 号馆单位面积电力消耗

图 2-47　60～65 号馆单位面积电力消耗

　　图 2-48 是 55 号馆北栋建筑在 6 月 18～24 号调查的一周内单位面积用电效率。整个校园的用电功率在工作日达到相同的峰值，而且该建筑在调查的一周内消耗更多的电力。图 2-49 是 55 号馆北栋建筑不同部门电耗原单位。信息科学与工程部门比其他部门消耗更多的电力，其次是物理系、应用物理系。

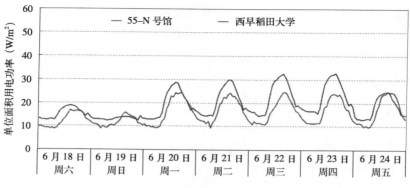

图 2-48　55-N 号馆用电原单位

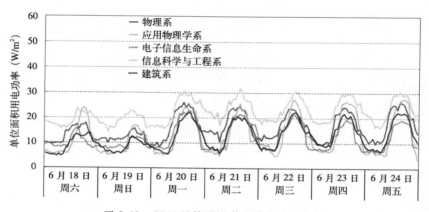

图 2-49　55-N 号馆不同学院单位面积电耗

图 2-50 是耗电量和 55 号馆 N 栋里不同系别不同研究室的单位面积电耗，物理系包括 A1 ~ A8 共 8 个房间，应用物理系包括 B1 ~ B5 共 5 个房间，电力和信息生命系包括 C1 ~

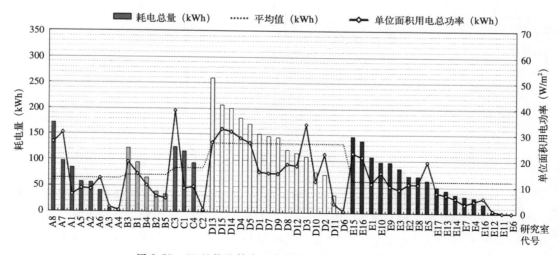

图 2-50　55 号馆北栋各系各研究室的单位面积用电功率

C4 共 4 个房间，信息科学和工程系包括 D1 ～ D15 共 15 个房间，建筑系包括 E1 ～ E18 共 18 个房间。图 2-51 所示 55 号馆北栋不同系别不同研究室的单位面积电耗。物理学系的平均单位面积电耗 15.9W/m²。单位面积电耗的值从 8.5 ～ 26.3W/m² 不等。信息科学与工程系的平均单位面积电耗是最大的，为 22.2W/m²。对于建筑系，平均为 12.3W/m²。单位面积电耗的数值有所不同，从 D13 房间的 31.6W/m² 到 D11 房间的 14.3W/m²。

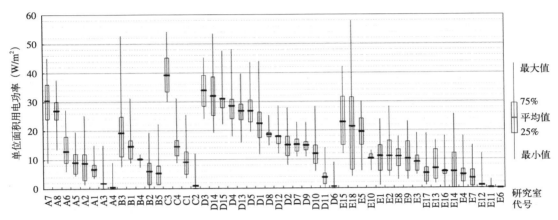

图 2-51　55 号馆北栋各工作室不同房间的单位面积电耗

　　图 2-52 是了 55-N 楼一周内的平均单位面积电耗。这周内，调查房间周二的单位面积电耗是最大的，平均值为 16.9W/m²，峰值为 24.9W/m²。周六和周末平均单位面积电耗分别为 13.6W/m² 和 13.4W/m²。值得注意的是学生星期天也在研究室工作，因此和学校其他建筑的单位面积电耗是不同的。

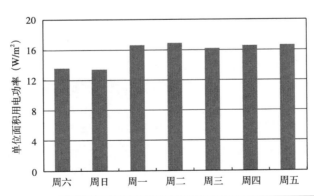

(W/m²)	周六	周日	周一	周二	周三	周四	周五	平均
平均值	13.6	13.4	16.6	16.9	16.2	16.5	16.6	15.7
最大值	17.8	18.2	23.8	24.9	22.4	24.3	23.6	22.1
最小值	9.76	10	11.1	10.7	11.1	11.6	11.7	10.9

图 2-52　每天的单位面积电耗

2.4　总结

建筑能耗的大小在很大程度上不仅取决于建筑设计与建造过程的外围护结构和技术体系，还与建筑所处的气候区域、地理位置以及当地的经济文化水平也有很大的关系。这些都是相对客观的影响因素。另外，建筑能耗也受建筑运行使用过程中使用者的生活习惯、行为方式和系统管理者的调控设置等主观因素的影响。当前的大学校园建筑多为建造后已使用多年的既有建筑，单纯从建筑能耗总量已经不能反映实质问题，如果用模拟分析的方法得出的能耗准确性又欠佳，因此，大学校园建筑物的实际使用运行能耗才是把握建筑能耗的关键环节。在本章中，对于日本典型校园的建筑能耗特点和规律的把握就是通过各建筑物的实际运行能耗数据进行阐明。调研分析了北九州市立大学校园和早稻田大学的西早稻田校区的能源系统每个小时的能耗数据以及不同类别的建筑能耗数据。

对于北九州市立大学，先从能源系统的太阳能光伏发电系统、燃料电池和天然气发电机的发电量等进行调查研究。其次，对于系统每年的电力消耗、余热回收利用、发电效率、热回收率等进行分析。然后，分析了关于水资源系统、供水系统的运行情况、雨水利用系统和排水再利用系统利用情况。其结果可总结如下：①北九州市立大学的电耗量在 2007 年达到 4599.3MWh。根据每月变化，用电量最大值是在 7 月为 637.5MWh，最小值在 4 月为 414.8MWh。②北九州市立大学的总能耗由四部分提供：燃料电池、天然气发电机、太阳能发电系统和公用电力。燃料电池承担 26.5% 的电力供应，为 11661.8GWh。其次是天然气发电机承担 496.2GWh，太阳能发电系统承担 152.1GWh，分别占 2.4%、7.9%。③ 2007 年热回收利用量为 15.24 TJ。在冬季，供暖和热水供应是热回收利用的主要部分，占整体的 80% 以上。在夏季，热回收主要应用于空调。④在发电效率方面，天然气发电机 91% 的发电时间的效率达到 25%～30%，燃料电池 80% 发电时间的效率达到 30%～35%。关于热回收率，天然气发电机有 58% 的利用小时数的热回收率低于10%，燃料电池有 37% 的利用小时数的热回收率在 20%～30% 之间。⑤北九州市立大学的循环水系统包括雨水回收和污水再利用系统。该系统年间的中水使用量为 8900m³，最大使用量是 7 月为 904 m³。

关于早稻田大学的西早稻田校区，根据学校每座建筑的电表收集的数据进行了分析。首先调研了建筑物的基本信息，然后计算了校园的能耗总量和每天单位建筑面积能耗。接着，根据教学楼、科研楼、办公楼、实验楼等这些不同使用功能建筑物的能耗，计算了整个学校不同时期的电力消耗。同时又根据对不同时期不同类型建筑，以及考虑到季节和大学的整体年度计划，对每个建筑物的能耗进行了细致的分析。此外，将 55 号馆 N 栋作为典型研究建筑展开研究，分别列出了不同的部门、不同的研究室每小时的用电量。其结果可总结如下：①西早稻田校区 2009 年的能耗量为 2221.4TJ/a，天然气消费量为 10964m³/a，重油消费量为 6491L/a。整个学校单位面积一次能耗为 2.0GJ/m²·a。② 2009 年，63 号大楼的电耗量占整个学校的 25%，为 1644.6MWh，其次是 55 号馆消耗 4804.5MWh，占 22%。③校园单日最大能耗在 7 月 16 号达到 939GJ/d。最大的单位面积能耗为 4.58MJ/（d·m²）。④平日用电量大于周末和节假日，特别是在上课期间。整个校园平日平均单位面积耗电功率是 22.98W/m²。⑤ 55 号馆 N 栋中信息科学与工程系的研究室的平均单位面积耗电功率是 22.2W/m²，在该栋建筑的 5 个系中是耗电最大的。⑥和学校里的其他建筑物相比，55 号馆 N 栋还有一个特殊的地方就是调研房间在周日的单位面积建筑能耗和周六的几乎相同，是因为各个研究室的学生们周日也在研究室从事学习和研究活动。

第3章 中国大学校园建筑能耗分析

3.1 引言

中国的大学校园尺度大，设施健全，人员众多，活动丰富多样，相当于一个小城市的规模，很难对当前大学校园的实际信息和数据展开调查，因此如何掌握详细的能耗数据已经成为中国大学校园一个非常显著的问题。本书共调研了中国5所不同地区大学校园里的172栋建筑。本章中选择南方地区的华南理工大学和北方地区的清华大学这2所中国最有名的理工科大学作为案例，进行建筑能耗的分析。

首先调研了大学校园的电力消耗结构，图3-1为中国大学校园的电力消耗结构图。建筑物的用电按照使用的用途不同可分为5类：动力用电、空调用电、照明用电、插座用电和特殊用电。

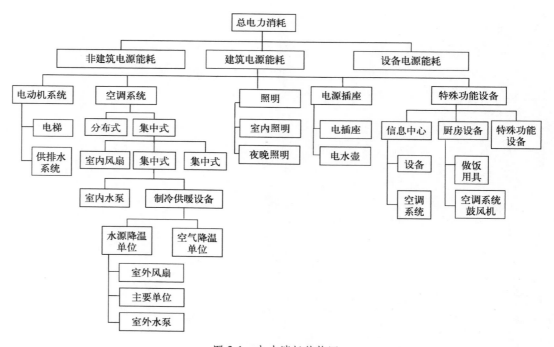

图3-1 电力消耗结构图

1. 照明、插座用电
照明、插座用电为建筑物主要功能区域的照明、插座等室内设备用电。主要包括照明和插座用电、走廊和应急照明用电、室外景观照明用电。照明和插座用电是指建筑物主要功能区域的照明灯具和从插座取电的室内设备，如计算机等办公设备的用电。空调设备用电包括所有的空调机组、新风处理机组、排风净化机组、风机盘管机组等设备的用电。

走廊和应急照明用电是指建筑物的公共区域灯具，如走廊等的公共照明和应急照明灯具设备用电量。室外景观照明用电是指建筑物外立面用于装饰用的灯具及用于室外园林景观照明灯具的用电量。

2. 空调用电

空调用电是为建筑物提供供冷、供热服务的空调设备用电的统称，主要包括空调冷热源设备用电（含冷热站用电）和空调末端设备用电。冷热源设备是空调系统中制冷制热设备、输配冷热量的设备总称。常见的系统主要包括冷水机组、冷冻泵（一次冷冻泵、二次冷冻泵、冷冻水定泵等）、冷却泵、冷却塔风机等以及在冬季使用的采暖循环泵（采暖系统中输配热量的水泵；对于采用外部热源、通过板换供热的建筑，仅包括板换二次泵；对于采用自备锅炉的，包括一、二次泵）。空调末端设备是指所有位于空调系统末端位置的设备，包括全空气机组、新风机组、空调区域的排风机组、风机盘管和分体式空调器等。

3. 动力用电

动力用电是集中提供各种动力服务（包括电梯、非空调区域通风、生活热水、自来水加压、排污等，不包括空调采暖系统设备）的设备用电的统称。动力用电包括电梯用电、水泵用电、通风机用电。电梯是指建筑物中所有电梯（包括货梯、客梯、消防梯、扶梯等）及其附属的机房专用空调等设备。水泵是指除空调采暖系统外的所有水泵，包括自来水加压泵、生活热水泵、排污泵、中水泵、消防水泵等。通风机是指除空调采暖系统和消防系统以外的所有风机，如车库通风机、厕所排风机等。

4. 特殊用电

特殊区域用电是指不属于建筑物常规功能的用电设备的耗电量，如能耗密度高、占总电耗比重大的用电区域及用电设备。特殊用电包括信息中心、洗衣房、厨房餐厅、游泳池、健身房或其他特殊用电。

3.2　华南理工大学南校区

3.2.1　南校区概况

华南理工大学是中国重点理工科院校，位于广州，图 3-2 为学校的位置图。广州地处亚热带沿海地区，属海洋性亚热带季风气候，夏季高温高湿，冬季温和干燥。图 3-3 为一年的平均温度图。年平均温度为 22.2℃，高于东京的年平均气温 16.3℃。最冷的月份是 1 月，平均温度 14.1℃，最热的为 7 月份，平均气温 28.9℃。华南理工大学占地面积294 公顷，共有 2 个校区：南校区、北校区。本书是以华南理工大学南校区为案例进行研究。

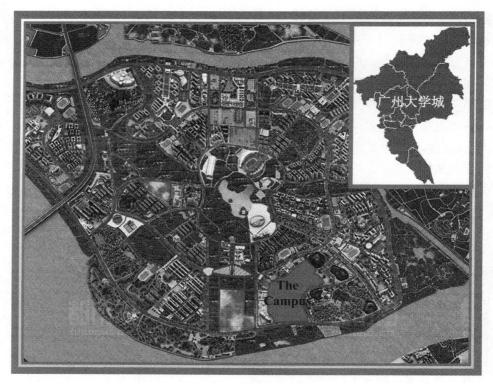

图 3-2　学校位置

来源：http://guangzhou.edushi.com/

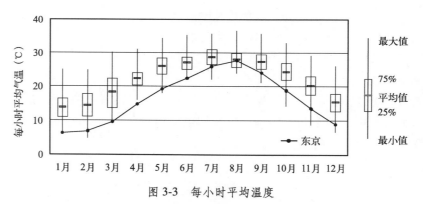

图 3-3　每小时平均温度

来源：Weather data from Energy Plus Energy Simulation Software,

Department of Architecture and Urban Design, University of California, 2010.11.

3.2.2　调查方法

对于该校区的调查主要集中于对能源消费结构的分析，并着重分析能耗特点。首先，在 11 个不同的建筑中的用电电路中安装测量仪表，测得 2009.9.1 ～ 2010.8.31 期间终端用户每小时能耗数据。通过收集的数据结果分析能源系统的现状和细节，然后根据不同建筑的实测数据检测能耗单位。分别对校园的日常电力和冷量消耗、不同的建筑每小时单位面积能耗、不同日期（工作日、周末和节假日）和不同时段（上午、下午、傍晚、夜间、午餐和晚餐时间）分别进行讨论。此外，对不同功能建筑的能耗进行评估，分析不同时间段和不同负荷区间的建筑能耗值。最后，在此基础上讨论单位面积能耗。

　　调查方法包括询问调查、测量和问卷调查。测量时间为 2009.9.1 ~ 2010.8.31。将电功率表安装在建筑物的所有主电路上，记录这一年内每小时的数据。调查的主要内容见表 3-1。调查内容主要包括 5 个部分，即：基本信息、能耗、能源系统和设施、节能措施和效果、能源管理系统。

调研内容　　　　　　　　　　　　　　　　　　　　　　　　　　表 3-1

调研种类	内容	概要	定义（单位）
基础调查	基本信息	竣工时间	（年）
		地上层数	（层）
		地下层数	（层）
		建筑面积	（m²）
		供冷时期	（天）
		供暖时期	（天）
		建筑结构	外墙 / 窗
		设定温度	（℃）
		学生和教职工数	（人）
		利用时间	（小时）
		假期时间	（天）
	费用	电费	（元 /kWh）
		供冷费	（元 /MJ）
		水费	（元 /m³）
		投资预算	（元 / 年）
		运行费用	（元 / 年）
		维护费用	（元 / 年）
	能源系统和能源设施	供冷供暖设备、空调、发电设施	主要设备的参数型号
数据调研	能耗	燃料	电力 /DHC / 天然气 / 水
		电力（电力系统、空调系统、照明和电气插座等）	全年逐时的数据（kWh）
		供冷（回水和供水的温度、冷却水的流量）	全年逐时的数据（kWh）
		耗水量	全年逐月的数据（m³）

续表

调研种类	内容	概要	定义（单位）
调查问卷	节能措施和效果	主要的节能措施	已经实施的和未实施的，计划实施的和无计划的
		主要的节能设备和技术	使用的和未使用的
	能源管理系统	节能管理目标	投资预算，管理目标的设定，能源管理系统
		节能运行管理	设定、使用、维护、检查测量仪器在每时/每天/每月的能耗记录和运行情况
		电力平衡	年度对比图
		单位面积能耗管理	5年内的单位面积电力/供冷/能耗 $[MJ/(m^2 \cdot a)]$

3.2.3 能源系统

华南理工大学南校区位于广州大学城，大学城引入新型分布式能源系统，图3-4为分布式能源系统流程，系统包含2台燃气—蒸汽涡轮机（$2 \times 42 \times 104kW$）的燃气—蒸汽联合系统（CGS）。约38%的天然气通过燃气—蒸汽涡轮机转化成电能。然后574.4℃的燃气在热回收蒸汽发电机（HRSG）产生3.43MPa的蒸汽，进入抽汽冷凝式汽轮机进一步发电。约0.5MPa蒸汽可用于溴化锂吸收式制冷机，热回收蒸汽发电机产生的约50～100℃的蒸汽用来供应生活热水，不足的热量由蒸汽凝结潜热提供。

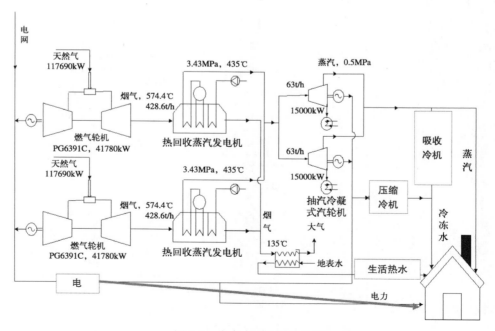

图3-4　分布式能源系统流程

来源：Ben HUA，Inspiration from Guangzhou Higher Education Mega Center's DES Project，

Natural gas research center of SCUT，2008.9.

图 3-5 是大学校园的能源供应体系。校园的主要能源来源于公用电力及城市天然气，用于电力和供冷。最终用户的电力消耗分为：照明用电、插座用电、动力用电、空调用电和其他用电。用电由公用电力和分布式能源系统提供。供冷由吸收式制冷机与压缩式制冷机提供。热电联产系统的热回收器产生的蒸汽用于驱动吸收式制冷机。空调机给末端用户供冷，由溴化锂吸收式制冷机和压缩式制冷机来提供冷冻水。

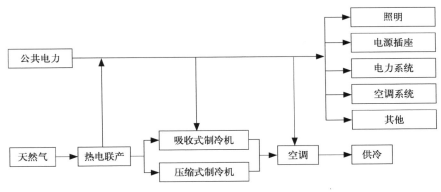

图 3-5　大学校园的能源供应体系

3.2.4　建筑概况

图 3-6 是校园建筑物的分布图。该区包括 13 座科研楼、4 座教学楼、1 座图书馆、1 座办公楼和 1 座礼堂。表 3-2 列举了这 11 座不同的建筑物的详细信息数据。A1 ~ A4 是教学建筑，B2 为办公楼，B1、B3 ~ B11 为科研楼。所有建筑都是在 2004 年建成，校园总建筑面积 317263m²。各不同部门共同使用研究实验室。目前，学校有 19000 多名学生和 350 座辅助设施楼供使用。

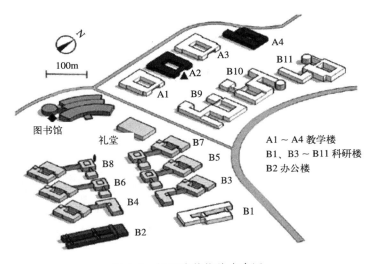

图 3-6　校园建筑物的分布图

建筑的详细信息　　　　　　　　　　　　　　　　表 3-2

符号	标号	建筑类型	竣工时间	层数	面积(m²)	热源	时刻表 am.	时刻表 pm.	容量(人数)
▲	A1	教学楼	2004	5	15460	DCC	6:00-24:00		1600
▲	A2	教学楼	2004	5	15460	DCC	6:00-24:00		1600
▲	A3	教学楼	2004	5	15460	DCC	6:00-24:00		1600
▲	A4	教学楼	2004	7	26791	DCC	6:00-24:00		1600
●	B1	国际教育学院	2004	5	13612	DCC	8:00-23:00		800
■	B2	办公建筑	2004	5	16152	DCC	7:00-24:00		350
●	B3	计算机科学与环境系	2004	5	15285	DCC	8:00-23:00		800
●	B4	环境科学和工程系	2004	5	16229	DCC	8:00-23:00		800
●	B5	经济与贸易系	2004	5	16913	DCC	8:00-23:00		800
●	B6	生物科学和工程系	2004	5	18520	DCC	8:00-23:00		800
●	B7	软件学院	2004	5	15957	DCC	8:00-23:00		800
●	B8	软件学院	2004	5	18520	DCC	8:00-23:00		800
●	B9	新闻与传播系	2004	5	19060	DCC	8:00-23:00		1200
●	B10	法学系、经济贸易系	2004	5	18630	DCC	8:00-23:00		1200
●	B11	设计学院、艺术学院	2004	5	19892	DCC	8:00-23:00		1200
◆	L	图书馆	2004	7	42319	DCC	6:00-24:00		2300
▮	A	礼堂	2004	1	13000	DCC	8:00-24:00		1110

春/秋：3月1日-4月30日/11月1日-12月31日		夏：5月1日-10月31日		冬：1月1日-2月28日	
供冷期	5月17日-10月30日	暑假	7月12日-8月29日	寒假	1月19日-2月22日

□	实测建筑	■	办公建筑	▲	教学建筑
●	科研建筑	◆	图书馆	▮	礼堂
DCC：	中央空调系统区域供冷				

3.2.5　建筑能耗分析

1. 年建筑单位面积能耗

校园的平均单位面积能耗如图 3-7 所示。自 2005 年，学校的能耗量随着学生人数的增加而逐年升高。2009 年，电力和冷量单位面积能耗分别达到 103.97MJ/（m²·a）和

66.24 MJ/（m²·a）。2007 年，新生数量突然增加，虽然宿舍内安装的空调改善了室内环境，但同时冷量能耗也大幅上涨。自 2008 年以来，学校引入了许多新的节能设备，如变频风扇、节能灯、空调系统优化设置的温度控制等，这些节能设备的单位面积能耗都已低于普通标准。

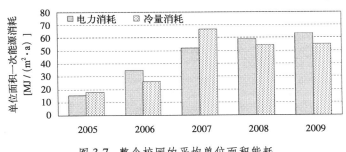

图 3-7　整个校园的平均单位面积能耗

不同功能建筑物的年能耗如图 3-8 所示。调查年间，研究实验室建筑能耗 23.13TJ，占整个园区能源消费量的 58%。

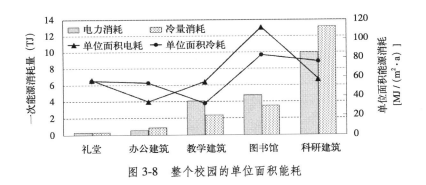

图 3-8　整个校园的单位面积能耗

2. 建筑面积

图 3-9 为不同功能建筑的面积比例。科研楼面积最大，占调查总建筑面积的 55%；其次是教学楼、图书馆、办公楼、讲堂，分别占 24%、14%、5%、2%。按建筑物规模比，其中有 15 栋建筑的面积在 10000 ~ 20000m² 之间。图 3-10 表示不同功能建筑的规模比。办公、教学和科研建筑面积大约在 10000 ~ 20000m² 之间。

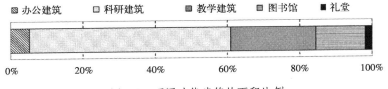

图 3-9　不同功能建筑的面积比例

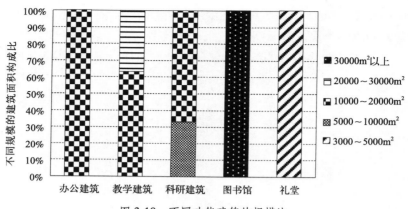

图 3-10　不同功能建筑的规模比

3. 单位面积能耗

下面对不同功能的典型建筑和整个校园的日常能耗强度进行分析，各图的右列显示其能量消耗特性所占的比重。

图 3-11 为办公建筑在不同时间的能耗，最大值出现在 7 月 6 日，为 1.21kJ/ (d·m²)，最低值出现在假期。电力需求在工作日明显高于周末，并且周末没有冷量能耗，所以能耗曲线在工作日达到峰值。照明插座用电和空调系统用电的消耗量分别为 20.56MJ/ (m²·a) 和 6.41MJ/ (m²·a)，分别占总数的 60.33% 和 18.80%。动力用电的消耗非常小，为 1.43MJ/ (m²·a)，仅占总量的 0.58%。

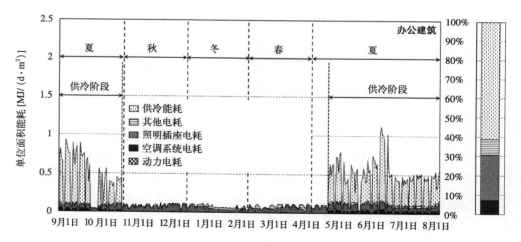

图 3-11　办公建筑的单位面积能耗

如图 3-12 所示，教学楼建筑单位面积能耗值的变化趋势基本是一致的，但在春季学期和秋季学期有波动。在秋季学期，许多企业在教学楼举办招聘会，另外还有一些讲座在教学楼举行，所以电力消耗，尤其是空调系统的电力消耗明显增加。此外，暑假期间 (7.10 ～ 8.19) 由于室内装修，其他用电消耗明显高于平日，而且空调系统的电力消耗

明显小于其他时间段。最大的能耗值出现在 9 月 9 日，为 1.34kJ/（d·m²）；最小值出现在
2 月 6 日，为 0.02kJ/（d·m²）。

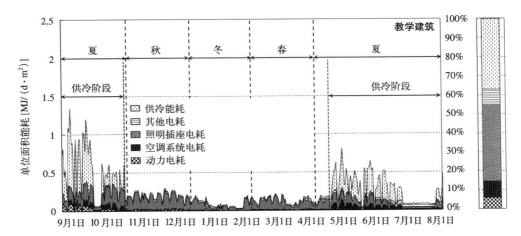

图 3-12　教学建筑的单位面积能耗

科研建筑的单位面积能耗如图 3-13 所示，由于春季学期有很多的实验课程安排，所
以科研实验楼的电力消耗多集中在春季学期。科研建筑的冷量能耗比办公建筑和教学建
筑更稳定。

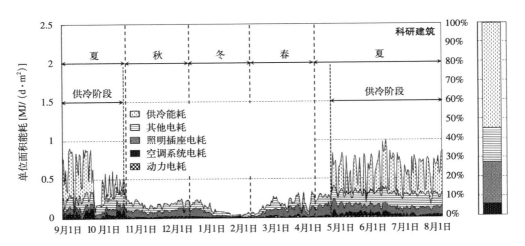

图 3-13　科研建筑的单位面积能耗

图 3-14 为图书馆的单位面积能耗，由于图书馆设置计算机服务器机房和信息处理中
心，所以电力消耗是最大的。图书馆的单位面积电耗是 112.21 MJ/（m²·a），大约是教学
楼和科研楼的 2.0 倍、办公楼的 3.3 倍。图书馆内的计算机服务器机房和信息处理中心均
保持全天无间断运行。

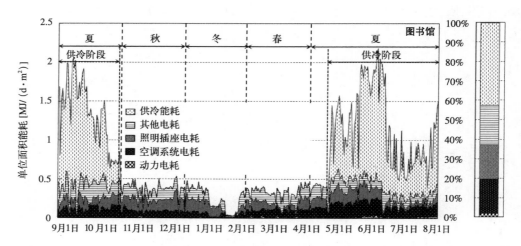

图 3-14　图书馆的单位面积能耗

图书馆的冷量能耗 82.79MJ/（m²·a），大约是教学建筑和办公建筑的 4.0 倍，是科研楼的 3.4 倍。电力需求在工作日明显高于周末，并且周末没有冷量能耗，所以办公建筑、教学建筑、科研建筑的能耗曲线在平日达到峰值。

相对于图 3-15 所示的大讲堂，每个学期仅在庆典、教学演讲以及音乐会对外开放，调查结果显示照明插座用电为 32.01MJ/（m²·a），占 23%。

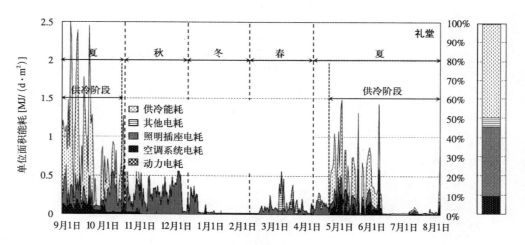

图 3-15　礼堂的单位面积能耗

整个校园的单位面积能耗如图 3-16 所示。从图中可以看出秋季学期明显高于春季学期，冷量能耗在 9 月 24 日达到最大值 1.4MJ/（d·m²），平均值为 0.20MJ/（d·m²）。同期，照明插座用电消耗集中保持在最大期间。冷量能耗为 72.18MJ/（m²·a），占总能耗的 52%；照明插座用电为 32.01MJ/（m²·a），占总能耗的 23%。

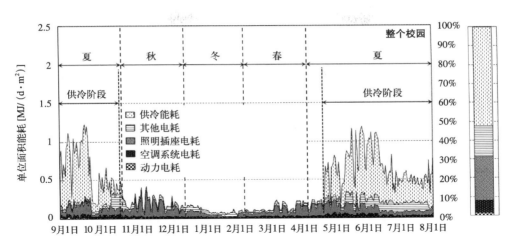

图 3-16　校园的单位面积能耗

3.3　清华大学

3.3.1　清华大学概况

图 3-17 是清华大学校园建筑物的分布图。清华大学是中国乃至世界著名的高等学府之一，因坐落于北京西北郊的清华园而得名。清华大学设有 20 个学院，57 个系，其中涉及科学、工程、建筑、环境、法律、医学、经济学、管理学、历史学、哲学、教育，人文和艺术等专业。该大学有 47000 多名学生和 14000 多名教职员工。

图 3-17　清华大学校园建筑物的分布图

来源：http://beijing.edushi.com/

图 3-18 显示了北京的全年逐月平均温度。北京的气候为典型的北温带半湿润大陆性季风气候，夏季高温多雨，冬季寒冷干燥，春、秋短促。全年平均气温 12.6℃，最冷的

月份是 1 月，平均温度低达 –3.8℃，最热月是 7 月，平均温度是 26.4℃。

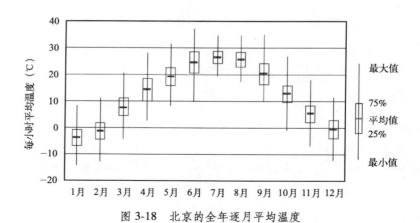

图 3-18　北京的全年逐月平均温度

来源：Weather data from Energy Plus Energy Simulation Software，Department of Architecture and Urban Design，University of California，2010.11.

3.3.2　调研方法

调研对象是位于中国北方寒冷地区的清华大学校园。调查了校园一整年的电力实测数据，并以其中两栋建筑作为案例分析能耗的特点和节能效果。首先，对校园建筑进行详细的描述，然后 65 栋建筑的调查结果中选择建筑物 A 和 B 作为案例，研究其能耗特点和能耗结构。分析了空调系统、照明插座、电力系统以及特殊用电等不同使用情况和不同时段（工作日、周末和节假日）下供暖 / 供冷负荷和单位面积用电的变化，得出日常用电量指标。

调查的主要内容描述见表 3-3。调查方法包括询问、测量和问卷调查。电表安装在建筑物的所有主电路上，通过记录 2010 年 1 月 1 日至 12 月 31 日每小时电耗的详细数据，对 65 栋不同功能建筑物全年电耗进行统计调查。调查主要包括 5 个部分：基本信息、能源系统和设备、总能耗和每小时耗电量、节能对策和效果、能源管理系统。

<table>
<tr><td colspan="4" align="center">调研内容</td><td align="right">表 3-3</td></tr>
<tr><td>调研种类</td><td>内容</td><td>概要</td><td colspan="2">定义（单位）</td></tr>
<tr><td rowspan="8">基础调研</td><td rowspan="8">基本信息</td><td>竣工时间</td><td colspan="2">（年）</td></tr>
<tr><td>地上层数</td><td colspan="2">（层）</td></tr>
<tr><td>地下层数</td><td colspan="2">（层）</td></tr>
<tr><td>建筑面积</td><td colspan="2">（m²）</td></tr>
<tr><td>供冷时间</td><td colspan="2">（天）</td></tr>
<tr><td>供暖时间</td><td colspan="2">（天）</td></tr>
<tr><td>建筑结构</td><td colspan="2">外墙 / 窗户</td></tr>
<tr><td>设定温度</td><td colspan="2">（℃）</td></tr>
</table>

续表

调研种类	内容	概要	定义（单位）
基础调研	基本信息	学生和教职工数	（人）
		利用时间	（小时）
		假期时间	（天）
	能源系统和能源设施	供冷供暖设备、空调、发电设施	主要设备的参数型号
		燃料	电 /DHC/ 天然气 / 水
数据调研	能耗	用电 / 供冷 / 用水	不同功能建筑的年能耗（65 栋建筑）
实测调研	建筑 A 和建筑 B 的能耗	照明用电	全年逐时能耗数据（kWh）
		电源插座用电	
		空调系统用电	
		其他用电	
问卷调研	节能措施和效果	主要的节能措施	已经实施的和未实施的，计划实施的和无计划的
		主要的节能设备和技术	使用的和未使用的
	节能管理系统	节能管理目标	投资预算，管理目标的设定，能源管理系统
		节能运行管理	设定、使用、维护、检查测量仪器在每时 /每天 / 每月的能耗记录和运行情况
		电力平衡	年度对比图
		单位面积能耗管理	5 年内的单位面积电力 / 供冷 / 水消耗 [MJ/m² · a]

3.3.3　能源系统

2 栋建筑的能源系统如图 3-19 和图 3-20 所示。建筑 A 的能源系统是由 2 台 621kW 的离心式冷水机组和一台 224kW 的螺杆式冷水机组提供冷冻水，供给末端盘管风机的散热需求。供暖主要依赖于校园区域供热。

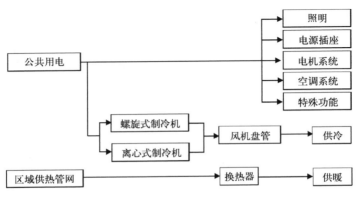

图 3-19　建筑 A 的能源系统

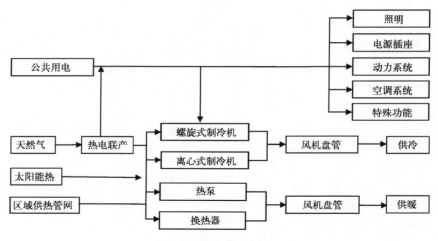

图 3-20　建筑 B 的能源系统

3.3.4　建筑概况

图 3-21 是校园建筑物的分布图。校园占地面积 4503800m²，建筑面积 2483100m²。调查的 65 栋调查建筑位于主要教学科研区域，其中包含办公楼、科研楼、教学楼、图书馆、体育馆和礼堂等。我们单独对 31 号（A 楼）和 30 号（B 楼）进行深入调研，并分析其能耗的特点。

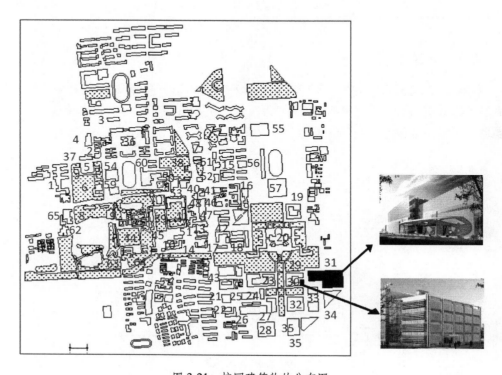

图 3-21　校园建筑物的分布图

图 3-22 和图 3-23 是 A 栋建筑三层和 B 栋建筑三层的平面图。表 3-4 为 A 栋建筑和 B 栋建筑的详细信息。两栋建筑均建于 2005 年，A 栋建筑面积为 63940m²，B 栋建筑面积为 2800m²。A 栋用作办公和教学，B 栋用作办公和实验。建筑内主要的用电设备为照明、计算机、打印机、复印机、微波炉和饮水机。室内夏季温度为 26℃，冬季温度为 20℃。供冷期是从 5 月 16 日至 9 月 15 日，供暖期是从 11 月 15 日至 3 月 15 日。

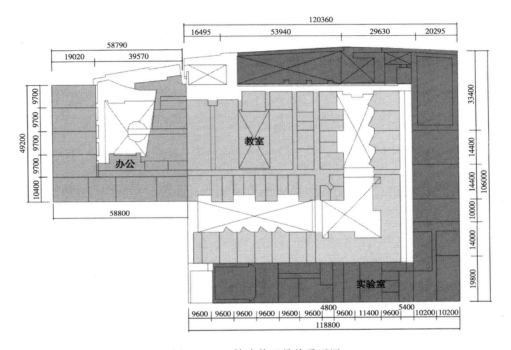

图 3-22 A 栋建筑三层的平面图

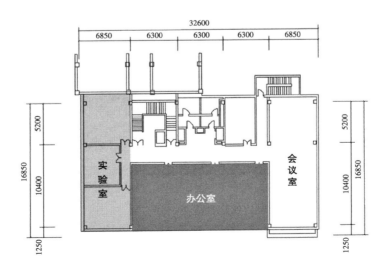

图 3-23 B 栋建筑三层的平面图

建筑 A 和 B 的详细信息   表 3-4

建筑基本信息

内容	建筑面积	结构	竣工时间	高度	层数	人数	空调面积（m²）	方向	体形系数	时间
建筑 A	63940	剪力墙	2005.9	36.0	5	1572	49250	南、北	0.1	7：00-22：00
建筑 B	2800	剪力墙	2005.3	17.3	4	200	2058	东、北	0.2	7：00-22：00

不同功能建筑面积

内容	办公室	会议室	实验室	图书馆	计算机房	走廊	卫生间	实验室	阳台	教室	仓库
建筑 A	17340	470	8470	1140	5959	13800	1500	0	1600	5830	600
建筑 B	780	224	180	0	0	195	137	380	337	0	112

供冷供暖期间建筑内的主要使用设备

内容	主要设备的数量								室内设定温度（夏/冬）	供冷时间	供暖时间
	照明	计算机	投影机	打印机	复印机	微波炉	饮水机	其他			
建筑 A	3914	725	15	28	4	4	55	9 部电梯	26/20	5.17-9.15	11.1-3.31
建筑 B	520	116	3	17	1	3	3	3 台冰箱	26/20	5.17-9.15	11.1-3.31

3.3.5 建筑能耗分析

1. 建筑面积

图 3-24 是不同功能建筑的构成比。建筑物的建筑面积主要为 3000～6000m²。综合体育馆占地 126000m²，是校园内面积最大的建筑。

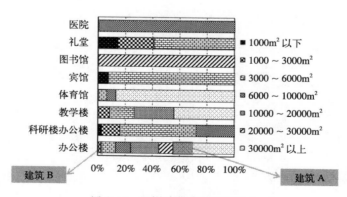

图 3-24 不同功能建筑的构成比

图 3-25 是不同功能建筑竣工年代所占比例。最早的建筑可以追溯到 100 年前，校园已经在过去的 10 年间进行了统一规划。

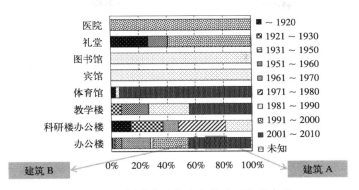

图 3-25　不同功能建筑全年的竣工年代占比

所有的调查建筑的面积如图 3-26 所示。办公建筑（36 栋）占总调查建筑面积的 60%，其次是体育建筑（4 栋），教学建筑（10 栋）、图书馆（1 栋）、科研建筑（7 栋），分别占 19%、10%、4%、3%。

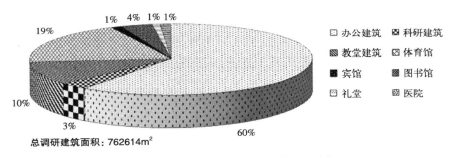

图 3-26　不同功能建筑的电能消耗原单位

2. 电力消耗

图 3-27 是根据魏庆芃的调查所做的单位面积电耗图。微电子技术系综合楼达到最大的单位面积电耗，综合体育馆为最小值。A 栋的电力消耗接近平均值 68.9kWh/（m²·a），并且是综合楼内电力消耗排名第二的建筑。B 栋为多用途建筑物，毗邻 A 栋建筑。B 栋建筑由于采取了节能措施，电力消耗仅 28.58 kWh/（m²·a）。基于上述原因，选择 A 栋建筑和 B 栋建筑作为典型建筑进行详细的分析。

3. 采暖热负荷和空调冷负荷的变化

为了更准确地分析能量消耗，采用模拟软件 DeST（Designer's Simulation Toolkit），对 A、B 两栋建筑的采暖热负荷和空调冷负荷进行统计计算。在采暖室外计算温度条件下，为保持室内计算温度，需由锅炉房或其他供热设施供给热量。根据建筑物墙壁、屋顶和地面等围护结构的热损失计算热负荷，同样，制冷负荷的定义是维持室内空气热湿参数在一定要求范围内时，在单位时间内需要从室内除去的热量。应综合考虑以下几方面的内容：照明散热、人体散热、室内用电设备散热、透过玻璃窗进入室内日照量、经玻璃窗的温差传热以及围护结构不稳定传热。

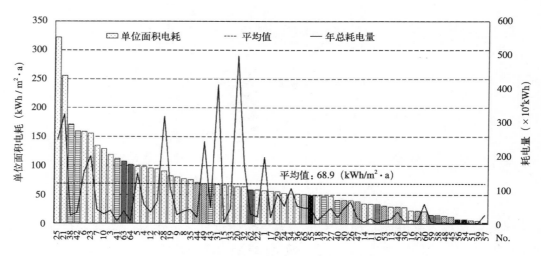

图 3-27　不同功能建筑的单位面积电耗

　　图 3-28 和图 3-29 是 A 栋建筑和 B 栋建筑逐时热负荷和冷负荷的计算结果。A 栋建筑和 B 栋建筑热负荷指标为 118.14W/m² 和 49.83W/m²，最冷月 1 月平均热负荷指标分别为 30.96W/m² 和 13.05W/m²；A 栋建筑和 B 栋建筑冷负荷指标分别为 83.80W/m² 和 26.54W/m²，在最热月份 8 月的平均值分别为 31.88W/m² 和 9.74W/m²。

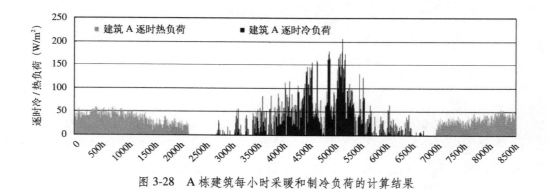

图 3-28　A 栋建筑每小时采暖和制冷负荷的计算结果

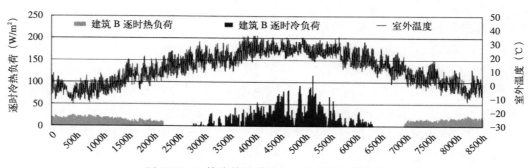

图 3-29　B 栋建筑逐时热和冷负荷的计算结果

4. 总电力消耗结构

两栋楼的日常用单位面积电耗变化如图 3-30 和图 3-31 所示。每个图右侧的显示用电量各个类别的比例。图 3-30 显示的是建筑 A 的电耗信息，最高纪录为 6 月 30 日，达到 2.21MJ/（d·m²）。空调系统用电和照明用电量分别为 278.70MJ/（m²·a）和 123.11MJ/（m²·a），分别占总电耗的 64.8%、28.6%。其次是插座用电，其电力消耗 14.10MJ/（m²·a）；再次为动力能耗，9 台电梯的电力消耗为 1.90MJ/（m²·a）。

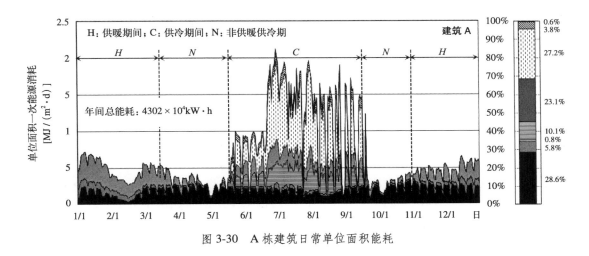

图 3-30 A 栋建筑日常单位面积能耗

图 3-31 显示的是 B 栋建筑的电耗信息，最高纪录为 7 月 26 日，达到 0.65MJ/（m²·d），仅为 A 栋建筑电力消耗的 30%。电源插座的电力消耗为 59.11MJ/（m²·a），占总电力消耗的 61.8%，比重最大。其次为空调系统 23.69MJ/（m²·a）和照明系统 12.75MJ/（m²·a），分别占 24.8%、13.3%。由于 B 楼主要用作教师办公，并且保持全年开放，所以在寒暑假期间电力消耗变化不明显。

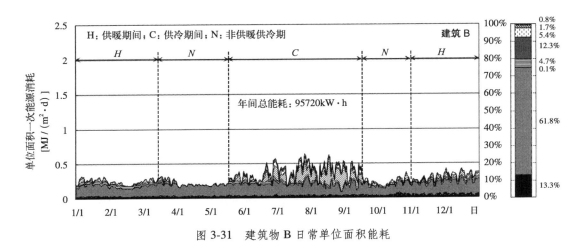

图 3-31 建筑物 B 日常单位面积能耗

3.4 小结

我国幅员辽阔，由于地理、纬度和地势条件的不同，气候差别很大。按照全国建筑热工设计分区，不同建筑气候区的大学校园建筑设计的特点也有所不同。寒冷地区高校建筑多坐北朝南，采用封闭的平面布局，立面形式较单一，多以板式为主；强调太阳光的利用，重点考虑冬季保温，适当考虑夏季防热。夏热冬暖地区高校建筑同样以坐北朝南为主，平面布局开阔，立面形式也较统一，多带有外廊；重点考虑夏季遮阳，适当考虑冬季保温。本章对大学校园的建筑能耗的研究选取了寒冷地区的清华大学和夏热冬暖地区的华南理工大学南校区作为研究对象。这两所大学分别地处南、北方完全不同的建筑气候区，大学在校人数、教职工数、建筑面积都居当地之首，均进入我国国家高水平大学建设 985 工程行列，也是当地最具影响力的重点理工类大学。

对于华南理工大学南校区建筑能耗，首先概述了调查方法、校园的能源系统、选取的校园典型建筑的概况，然后对于南校区 2009 年 9 月 1 日 ~ 2010 年 8 月 31 日期间 11 栋建筑每小时的建筑运行能耗进行数据采集，接着分析了校园的年单位面积能耗，以及不同种类的能耗（制冷、照明用电、空调系统用电、动力用电等）和不同使用功能建筑（办公建筑、教学建筑、科研建筑、图书馆、报告厅）能耗的详细数据。分析结果如下：

1）整个校园和各功能建筑的单位面积能耗的变化与学生数量成比例增加，各种节能设备的引入使得校园建筑单位面积能耗有明显下降趋势。

2）科研建筑的能耗占整个校园的能耗的 58%。

3）图书馆的年间单位面积能耗平均值最大。

4）在整个校园的能耗比例中，冷量能耗比重最大，其次为照明插座用电消耗、其他类用电消耗、空调系统用电消耗、动力用电消耗。

5）校园单位面积每小时平均电耗和冷耗值在 2009 年 10 月达到最大值。

对于清华大学，建校至今校内各年代建筑并存，数量繁多、功能多样，建筑节能中心对校园内具有代表性的建筑进行了能耗数据采集，包括办公建筑、科研建筑、实验室建筑、教学建筑、图书馆等 65 栋不同功能建筑的电力消耗进行了调研。基于各建筑能耗的调查结果，由于建筑 A 的年间耗电量接近调研结果中的平均值，而采用多种建筑节能措施的低能耗建筑 B 的耗电量非常小，因此选取建筑 A 和 B 作为研究对象。分析了两栋建筑的热负荷、冷负荷及 2010 年年间的逐时电耗变化，不同使用功能的平均电力消耗使用情况各异。并对不同时期的空调系统、照明系统进行电耗分项分析，得出每天的用电量指标。结果如下：

1）调研的代表性建筑的电力消耗的平均值为 68.9kWh / (m² · a)，各建筑不同类型的电力消耗变化特点说明电耗的分项计量是非常必要的。

2）根据负荷计算，建筑 A 和 B 的采暖负荷指标分别为 30.61W/m² 和 12.91W/m²。建筑 B 各建筑面积的采暖热负荷指标是建筑 A 的 40%，冷负荷指标是建筑 A 的 30%。大学校园建筑能耗的大小受建筑采用的设备技术体系的影响很大。

3）建筑 A 内空调系统的电力消耗占总电力消耗的 64.8%，建筑 B 内的插座用电消耗占总电力消耗的 61.8%。大学校园不同类型建筑能耗的大小受建筑的使用功能的影响很大。

第4章 中国和日本大学校园的能耗特征及节能措施对比

4.1 引言

本章基于第2章和第3章的调查结果，对中国和日本的大学校园能耗结构及节能措施进行比较。首先，对能源结构、区域特点、收费标准、补贴和支持政策进行比较；然后对大学校园的能源管理、系统组织、节能措施进行比较，以便有效地执行能源管理。此外，根据测量时统计的数据，计算了不同时间的单位面积能耗，并对大学的能耗特点、建筑功能和节能方法执行情况进行了讨论，分析了不同时期（工作日、周末、假期）和使用时间（上午、下午、晚上、夜间、午餐、晚餐、移动时间）的统计结果。最后，通过问询和问卷调查研究中国和日本大学校园节能措施。

4.2 地域特点分析

4.2.1 日本

最新的日本节能标准根据其不同的纬度，划分了6个建筑设计热工分区，具体如图4-1所示。

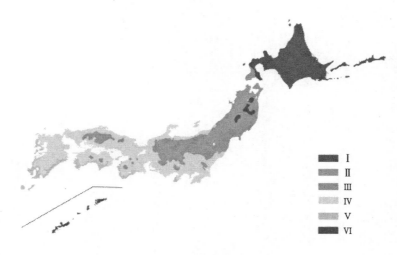

图 4-1 日本热工分区

　　图4-2显示了日本地区人均GDP。东京人均GDP最高，为每人6817767日元；奈良人均GDP最低，为每人2580299日元；福冈处于中等水平，为每人3552839日元，小于平均人均GDP的3611304日元。表4-1是东京和北九州的气象参数，两个地区的平均气温都大约在16.2℃。北九州雨量大于东京，太阳辐射小于东京。

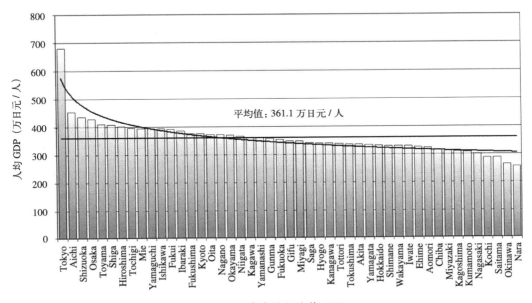

图4-2　日本各地区人均GDP

东京和北九州的气象参数　　　　　　　　　　　　　　　　　　　　　　表4-1

	东京	北九州
平均湿度（%）	63.0	71.0
平均最高温度（℃）	19.7	20.5
平均最低温度（℃）	12.5	12.4
平均温度（℃）	16.2	16.2
降雨量（mm）	1466.7	1729.3
太阳辐射量 [MJ/（m²·a）]	5183.0	4520.2
日照时间（h）	1847.2	1825.1

4.2.2　中国

　　按照我国的建筑热工设计气候区地图，根据每个地区的隔热、气密性标准和月平均气温等热工性能，中国主要划分为严寒地区、寒冷地区、夏热冬冷地区、夏热冬暖地区、温和地区等5个气候区。严寒地区包括3个区：东北区、北疆区、高原区。寒冷地区包括 3 个区：中国北方地区、南方新疆地区和高原地区。虽然严寒地区的东北地区和高原地区接壤，但是由于两地区的海拔高度、气候条件不同，太阳辐射和风速的区别也很大。

图 4-3 显示中国部分省级行政区人均 GDP。上海人均 GDP 最高，为每人 66367 元；贵州人均 GDP 最低，为每人 6915 元，比上海低了近 10 倍；广东排列第六，为每人 33151 元，平均值为每人 21973 元。表 4-2 为北京和广州的气象参数对比。因为北京位于中国北方，广州位于中国南方，两个地区的平均气温差别较大；北京为 12℃，广州为 21℃。广州降雨量是东京的 3 倍，广州太阳辐射量小于北京。[1]

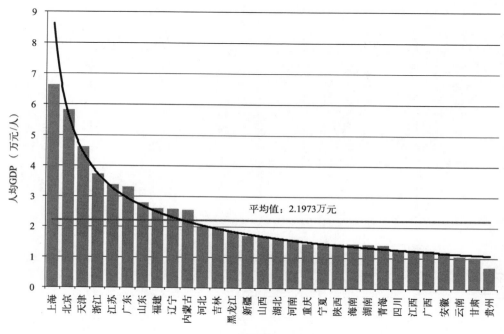

图 4-3　中国部分省级行政区人均 GDP

北京和广州的气象参数　　　　　　　　　　　　　　　表 4-2

	北京	广州
平均湿度（%）	56.8	77.0
平均最高温度（℃）	17.9	26.3
平均最低温度（℃）	7.2	18.9
平均温度（℃）	12.0	21.0
降雨量（mm）	575.2	1736.1
太阳辐射量 [MJ/（m² · a）]	4392.0	3970.0
日照时间（h）	2748.0	1628.0

根据民用建筑热工设计规范（表4-3）[2]，采暖度日数（HDD）作为一个度量，反映了建筑物采暖所需能耗，它通过测量建筑外部空气温度而得。对给定结构的特定位置加热所需热量与采暖度日数的值成正比。同样，供冷度日数（CDD）反映了一个住宅或商业建筑供冷的所需的能耗量。它们代表了日间温度与预定标准温度的偏移量。该值通常用于计算随季节变化的供暖和供冷负荷。日间平均温度减去18℃，所得的值可以用来计算采暖度日数，供冷度日数是外温减26℃。负值表示为采暖度日数，正值为供冷度日数。例如：如果既定周的平均温度为50℉时，相减后所得值为 −15。当该数乘以7天/周，结果为56采暖度日数。

民用建筑热工设计规范　　　　　　　　　　　表4-3

日本		中国		
区域划分	采暖度日数 HDD	区域划分	通过冷/热的月平均气温	天数（辅助指标）
区域 I	≥ 3500	严寒	最冷的月份 ≤ −10℃	≤ 5℃的天数 ≥ 145
区域 II	3000 ~ 3500	寒冷	最冷的月份 −10℃ ~ 0℃	≤ 5℃的天数为 90 ~ 145
区域 III	2500 ~ 3000			
区域 IV	1500 ~ 2500	夏热冬冷	最冷的月份 0℃ ~ 10℃	≤ 5℃的天数在 0 ~ 90
			最热的月份 25℃ ~ 30℃	≥ 25℃的天数在 40 ~ 110
区域 V	500 ~ 1500	温和	最冷的月份 0℃ ~ 13℃	≤ −5℃的天数在 0 ~ 90
			最热的月份 18℃ ~ 25℃	
区域 VI	≤ 500	夏热冬暖	最冷的月份 ≥ 10℃	≥ 25℃的天数在 100 ~ 200
			最热的月份 25℃ ~ 29℃	

一个城市或地区的平均用电量是与建筑物的数量、城市化和经济发展水平相关的。江亿院士所在的清华大学建筑节能研究中心在每年的《中国建筑节能年度发展研究报告》中分析了我国的公共建筑能耗。表4-4列举了中国各地区公共建筑的平均单位面积电耗。公共建筑的单位面积电耗平均值为45kWh/（m²·a）。学校的单位面积电耗的平均值最低，为35.9kWh/（m²·a），这是几类公共建筑当中的最低值。然而，随着大型建筑工程项目的开发，若不同建筑物所占比例发生变化，则单位面积电耗也会改变。各区域的建筑物电耗被分为三种类型，即高、中和低三类。高电耗的建筑占总建筑的5%；中电耗的建筑占总建筑的45%，而低电耗的建筑占总建筑的50%。

中国各地区公共建筑的单位面积电耗 [kWh/（m²·a）]　　　表4-4

中国各地区公共建筑的单位面积用电（kWh/m²·a）						
	办公	公寓	商业	学校	医院	其他
全国平均	45.9	48	51.6	35.9	52.3	44.1

中国各地区公共建筑的单位面积用电（kWh/m² · a）

		办公	公寓	商业	学校	医院	其他
严寒地区	平均值	40	41.5	46	37	49.5	37
	最高值 5%	150	180	180	90	150	90
	中间值 45%	50	50	60	50	60	50
	底部值 50%	20	20	20	20	30	20
寒冷地区	平均值	40	41.5	46	32.5	49.5	42
	最高值 5%	150	180	180	90	150	90
	中间值 45%	50	50	60	40	60	50
	底部值 50%	20	20	20	20	30	30
夏热冬冷地区	平均值	49.5	51	56	37.5	54.5	47
	最高值 5%	150	180	180	90	150	90
	中间值 45%	60	60	60	40	60	50
	底部值 50%	30	30	40	30	40	40
夏热冬暖地区	平均值	54.5	61	56	37.5	54.5	47
	最高值 5%	150	180	180	90	150	90
	中间值 45%	60	60	60	40	60	50
	底部值 50%	40	50	40	30	40	40

4.3　能源价格

4.3.1　日本

图 4-4 是日本的电力公司服务地区地图。公用事业电力和天然气是日本主要的能耗。日本与其他大多数的工业国家不同，没有一个单一的国家电网，但具有独立的东部和西部电网。日本电力市场分成 10 个监管公司：中国电力公司、中部电力公司、北陆电力公司、北海道电力公司、九州电力、关西电力公司、冲绳电力公司、东京电力公司、东北电力和四国电力公司。

东京和九州的电价见表 4-5。以 2003 年 10 月的汇率为标准：1 美元 =120 日元。天然气方面，由于日本只有 4 个主要的天然气公司：东京天然气公司、大阪天然气公司、东邦天然气公司和西部天然气（九州），以西部天然气公司和东京天然气公司为例，说明天然气的价格。商业用电带Ⅰ此处主要是指办公建筑用电；商业用电Ⅱ主要指餐馆和超市用电；峰值时间商业用电带Ⅰ主要为医院和酒店用电；峰值时间商业用电带Ⅱ主要为于 24 小时餐厅和超市用电。

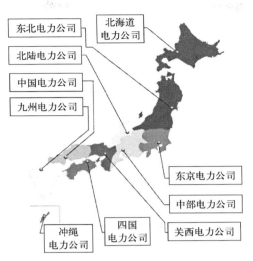

图 4-4 日本的电力公司服务地区

东京和九州的电价   表 4-5

		商业用电 I	商业用电 II	商业用电高峰期 I	商业用电高峰期 II	商业用电 I	商业用电 II	商业用电高峰期 I	商业用电高峰期 II
用电率	夏季	7 月～9 月				7 月～10 月			
	夏季的高峰时段	13～16 时				13～17 时			
	夏季的中高峰时段	8～13 时，16～22 时				8～13 时，16～23 时			
	夏季非高峰时段	0～8 时，22～24 时				0～8 时，22～25 时			
	冬季	1 月～6 月，9 月～12 月				1 月～6 月，9 月～13 月			
	冬季的高峰时段	13～16 时				13～17 时			
	冬季的中高峰时段	8～13 时，16～22 时				8～13 时，16～23 时			
	冬季的非高峰时段	0～8 时，22～24 时				0～8 时，22～25 时			
电价（美元/千瓦时）	夏季的高峰时段	0.12	0.08	0.18	0.11	0.10	0.09	0.13	0.12
	夏季的中高峰时段	0.12	0.08	0.15	0.09	0.10	0.09	0.12	0.11
	夏季非高峰时段	0.12	0.08	0.04	0.04	0.10	0.09	0.05	0.05
	冬季的高峰时段	0.11	0.07	0.18	0.11	0.09	0.08	0.13	0.12
	冬季的中高峰时段	0.11	0.07	0.14	0.08	0.09	0.08	0.11	0.93
	冬季的非高峰时段	0.11	0.07	0.04	0.04	0.09	0.08	0.05	0.05
电力增容价格（高峰用电月的指定时段）美元/千瓦时	夏季	10.00	18.58	10.00	18.58	13.00	15.50	13.00	15.50
	冬季	10.00	18.58	10.00	18.58	13.00	15.50	13.00	15.50

西部天然气和东京天然气的价格见表 4-6。如果任何月份的月消耗量小于最大消耗量的 75%，则一般消耗量适用于未安装热电联产系统（CHP）的一般设施。

西部天然气和东京天然气的价格情况

表 4-6

| 月份 | 西部公司的商业燃气价格 | | | | 东京公司的商业燃气价格 | | | | | | | | |
| | 热电联产系统方案 | | | | 热电联产系统方案 | | | | 商业性项目 | | | 一般项目 | |
	用量收费 (美元/立方米)	高峰月收费 (美元/千焦)	能源费用 (美元/千焦)	需求收费 (美元/月)	用量收费 (美元/立方米)	高峰月收费 (美元/千焦)	能源费用 (美元/千焦)	需求收费 (美元/月)	用量收费 (美元/立方米)	能源费用 (美元/千焦)	需求收费 (美元/月)	能源费用 (美元/千焦)	需求收费 (美元/月)
一月	0.1720000	0.0000002	0.0000096	250.0000000	0.0002150	0.0000002	0.0000085	179.0000000	0.0002150	0.0000138	142.0000000	0.0000193	80.1000000
二月	0.0001720	0.0000002	0.0000096	250.0000000	0.0002150	0.0000002	0.0000085	179.0000000	0.0002150	0.0000138	142.0000000	0.0000193	80.1000000
三月	0.0001720	0.0000002	0.0000096	250.0000000	0.0002150	0.0000002	0.0000085	179.0000000	0.0002150	0.0000138	142.0000000	0.0000193	80.1000000
四月	0.0001720	0.0000002	0.0000096	250.0000000	0.0002150	0.0000002	0.0000085	179.0000000	0.0002150	0.0000117	142.0000000	0.0000199	80.1000000
五月	0.0001720	0.0000002	0.0000096	250.0000000	0.0002150	0.0000002	0.0000085	179.0000000	0.0002150	0.0000117	142.0000000	0.0000199	80.1000000
六月	0.0001720	0.0000002	0.0000096	250.0000000	0.0002150	0.0000002	0.0000085	179.0000000	0.0002150	0.0000117	142.0000000	0.0000199	80.1000000
七月	0.0001720	0.0000002	0.0000096	250.0000000	0.0002150	0.0000002	0.0000085	179.0000000	0.0002150	0.0000118	142.0000000	0.0000198	80.1000000
八月	0.0001720	0.0000002	0.0000096	250.0000000	0.0002150	0.0000002	0.0000085	179.0000000	0.0002150	0.0000118	142.0000000	0.0000198	80.1000000
九月	0.0001720	0.0000002	0.0000096	250.0000000	0.0002150	0.0000002	0.0000085	179.0000000	0.0002150	0.0000118	142.0000000	0.0000198	80.1000000
十月	0.0001720	0.0000002	0.0000096	250.0000000	0.0002150	0.0000002	0.0000085	179.0000000	0.0002150	0.0000117	142.0000000	0.0000197	80.1000000
十一月	0.0001720	0.0000002	0.0000096	250.0000000	0.0002150	0.0000002	0.0000085	179.0000000	0.0002150	0.0000117	142.0000000	0.0000197	80.1000000
十二月	0.0001720	0.0000002	0.0000096	250.0000000	0.0002150	0.0000002	0.0000085	179.0000000	0.0002150	0.0000138	142.0000000	0.0000193	80.1000000

4.3.2　中国

中国由特大型国有重点企业——国家电网有限公司提供电能和服务，国家电网有限公司共拥有东北电网、西北电网、华北电网、华东电网和华中电网 5 个大型电网。除了广东、广西、云南、贵州、海南、台湾等地，覆盖 26 个省（自治区、直辖市）大约国土面积的 88% 的电力供应，供电服务人口超过 11 亿人。2017 年，国家电网有限公司经营区全社会用电量 5.0 万亿千瓦时，最高用电负荷 8.3 亿千瓦，装机 13.8 亿千瓦。

表 4-7 显示了北京的电价（元 /kWh）。目前电价主要分为居民用电、农业生产用电、大工业用电、商业用电、非工业用电、普通工业用电和非居民照明用电 7 大类，供电电压 1 ～ 220kV。

北京的电价（元 /kWh） 表 4-7

分类		居民生活	非居民生活	商业	非工业	一般工业	重工业		农业
							非优惠	优惠	
< 1kV	高峰	0.48	1.14	1.15	1.01	1.03			0.74
	平峰		0.76	0.76	0.67	0.69			0.52
	低谷		0.39	0.40	0.35	0.37			0.31
1 ～ 10kV	高峰	0.48	1.13	1.14	1.00	1.02	0.75	0.73	0.73
	平峰		0.75	0.75	0.66	0.68	0.55	0.54	0.51
	低谷		0.39	0.39	0.34	0.36	0.37	0.37	0.29
～ 35kV	高峰	0.48	1.13	1.14	0.99	1.01	0.73	0.71	0.72
	平峰		0.75	0.75	0.65	0.67	0.54	0.53	0.50
	低谷		0.39	0.39	0.33	0.35	0.36	0.36	0.29
～ 110kV	高峰	/	/	/	/	/	0.72	0.70	/
	平峰						0.53	0.52	
	低谷						0.35	0.35	
≥ 220kV	高峰	/	/	/	/	/	0.71	0.69	/
	平峰						0.52	0.51	
	低谷						0.35	0.35	

4.4　节能补贴和扶持政策

4.4.1　日本

《节约能源法》于 1979 年开始实施，并分别于 1983 年、1993 年、1998 年、2002 年、2005 年和 2008 年进行了修订。日本经济产业省（Ministry of Economy，Trade and Industry，简称 METI）负责建立和公布基本政策，旨在全面推广能源在各自领域的合理使用。各个领域主要的能源用户必须考虑该基本政策，合理使用能源。日本在工业、商业、居住领域的最终能耗占总能耗的 75%，需要有更积极的行动促进能源在工厂和营业场所的合理利用，因此《节约能源法》在 2008 年 5 月进行了修订。该修正法重新定义了"特定能源使用者"和"特定连锁业务使用者"，将商业机构总能耗的监管范围从 10% 扩大至 50%。[4-5]

2010 年 6 月，日本政府发布了修订后的基本能源计划。本修订计划提出在未来大约 20 年的具体措施，是能源供需结构意义深远的改革，也是社会制度和生活方式中进行适当的资源限制和环境的制约所必须的。日本政府对使用节能设备、节能工程和节能技术的行为有很多的补贴。[6-13]

4.4.2　中国

国内针对高校绿色发展建设出台了一系列政策法规保证高校的节能发展。1996 年环境保护部、中共中央宣传部、中央文明办、教育部、共青团中央、全国妇联联合编制《全国环境宣传教育行动纲要（1996—2010 年）》，2000 年国家环境保护总局和教育部联合发布《关于联合表彰绿色学校的通知》，2001 年国家环境保护总局发布《中国绿色学校指南》，2006 年教育部发布《关于建设节约型学校的通知》，2008 年住房和城乡建设部与教育部联合发布《关于推进高等学校节约型校园建设进一步加强高等学校节能节水工作的意见》（建科〔2008〕90 号），2009 年住房和城乡建设部提出《高等学校校园建筑节能监管系统建设技术导则》及有关管理办法，共同推动高校节能建设的脚步。特别指出的是 2015 年住房和城乡建设部发布的《"十三五"建筑节能专项规划》明确提出：推动高校、公共机构等重点公共建筑节能改造，要充分发挥高校技术、人才、管理优势，会同财政部、教育部积极推动高等学校节能改造示范，高校建筑节能改造示范面积应不低于 20 万平方米，单位面积能耗应下降 20% 以上，规划期内启动 50 所高校节能改造示范。

4.5　管理体制和组织机构

4.5.1　日本

以早稻田大学为例介绍日本大学校园的管理体制。图 4-5 显示了早稻田大学的能源管理机构。通过对能源管理部门的调查，明确了早稻田大学西早稻田校区的能源管理现状。全校工作的政策和目标由大学环境办公室和安全管理部门负责制定。工程、采购及其他预算由规划建设部执行，并由技术规划总务科调整工作。

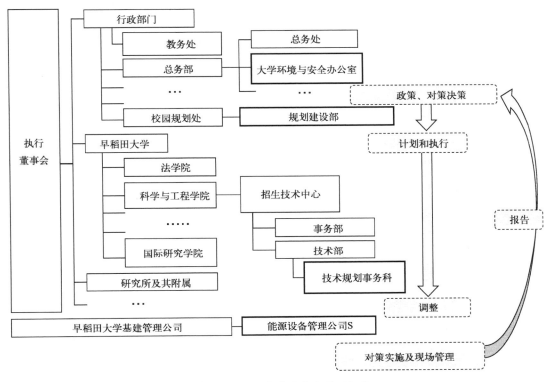

图 4-5　早稻田大学的能源管理机构

早稻田大学委托 S 能源设备管理公司处理能耗管理和日常设备运行维护管理业务，并向大学的行政主管部门汇报结果。S 能源设备管理公司致力于机械设备及节能措施的调整，但是该公司对于大学设备的使用现状不明确，因此应该加强与高校的合作。目前，早稻田大学节能减排措施主要集中于停止重油锅炉的使用，他们需要更换高效率的照明设备，结合当地情况改进并确保热源设备的运行。

4.5.2　中国

以华南理工大学为例介绍中国大学校园的管理制度。图 4-6 是华南理工大学的能源管理系统。执行委员会管理许多不同的部门。相关权威机构认可后，行政部门、教务处和总务处这三个部门可以开展基线调查。由于文件和数据是由不同的部门单独管理，而且数据不能够全部对外公开，数据收集和调查比较困难。

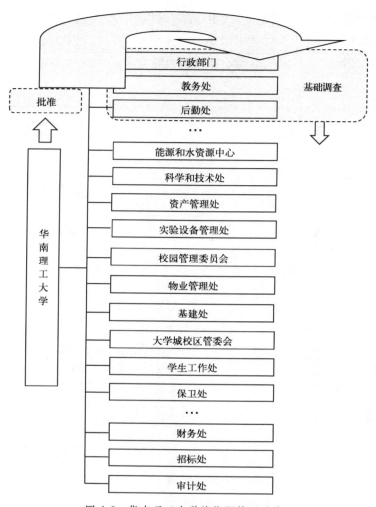

图 4-6 华南理工大学的能源管理系统

4.6 单位面积能耗峰值

从上面的分析可以得出结论，校园建筑单位面积能耗由于使用者的不同、季节不同、时间段的不同，差异很大。考虑到节假日时间固定，特别是法定节假日大多数学生不在学校，能耗会随之大量减少。因此，调查的 365 天按工作日、周末和节假日（法定假日及夏季、冬季休假）进行划分。

根据负荷曲线的特点，不同的时间段消耗的单位面积能耗是不同的，因此有必要进一步地比较区分不同时间段里的实际单位面积能耗。在中国，根据学校的日常生活习惯，一天可分为 6 个时间段，即上午、下午、晚上、夜间、午餐和晚餐时间，以及学生教师移动时间。上午、下午和晚上时间段被分别定义为从 8：00 ~ 12：00，13：00 ~ 17：00，19：00 ~ 22：00。夜间区是在 0：00 ~ 6：00。午餐和晚餐时间分别被定为 12：00 ~ 13：00 和 17：00 ~ 19：00。移动时间是指学生和老师上学、上班和归寝和回家的时间段。早上的 6：00 ~ 8：00 之间属于学生和教师集中去学校上学或上班的时间段，晚上的 22：00 ~ 24：00 之间属于晚上学生和教师归寝和回家的时间段。

4.6.1　日本

这里提到的大学校园能耗考虑了季节和节假日，把一年中的 365 天的调查期分为周一至周五的工作日，周六、周日的周末和节假日（法定假日和寒暑假）。在大学校园里，夏季期间为 7 月 ~ 9 月，冬季期间是从 12 月至次年 3 月，春季和秋季学期分别是从 4 月 ~ 6 月和 10 月 ~ 11 月。早稻田大学西早稻田校区整个校园一天中的最大用电日被选为代表日进行分析。

下列图表显示了在每个季节中整个校园的日最大耗电。科研建筑以 55 号馆为例，办公建筑以 51 号馆为例，教学建筑以 52 ~ 54 号馆为例。在冬季，白天耗电最大原单位出现在 12 月。整个校园工作日中的最大耗电出现在 12 月 22 日（图 4-7）。12 月 19 日是周末中的最大耗电日(图 4-8)，12 月 24 日是假期中的最大耗电日(图 4-9)。图 4-10 至图 4-12 显示了整个校园在春季及秋季不需要采暖和制冷时，最大单位面积电耗出现的日期。在春季和秋季的工作日和周末，建筑消耗的电力较少。如图 4-13、图 4-14 和图 4-15，7 月 25 日、7 月 19 日和 8 月 3 日被选为夏日典型代表。原因是 8 月 3 日是法定假日（盂兰盆节）的第一天，因此这一天的电力消耗比较高。

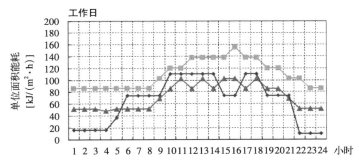

图 4-7　整个校园的最大用电量日（冬季工作日）

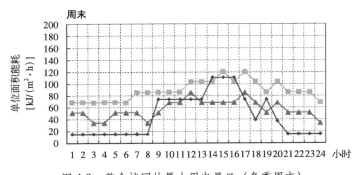

图 4-8　整个校园的最大用电量日（冬季周末）

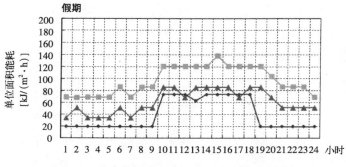

图 4-9　整个校园的最大用电量日（冬季假期）

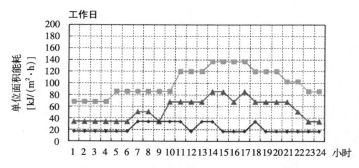

图 4-10　整个校园的最大用电量日（春、秋季的工作日）

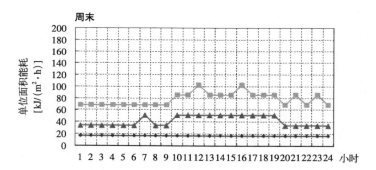

图 4-11　整个校园的最大用电量日（春、秋季的周末）

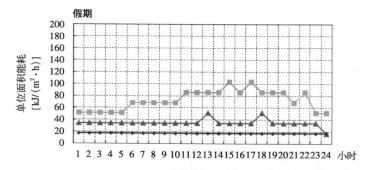

图 4-12　整个校园的最大用电量日（春、秋季的假期）

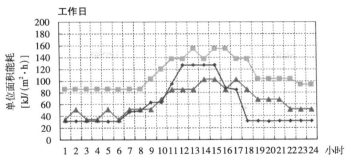

图 4-13　整个校园的最大用电量日（夏季工作日）

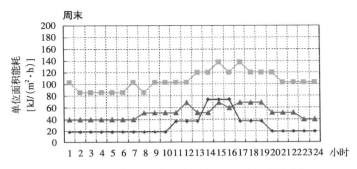

图 4-14　整个校园的最大用电量日（夏季周末）

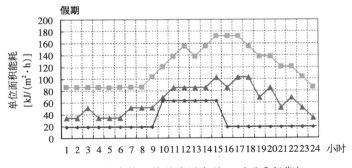

图 4-15　整个校园的最大用电量日（夏季假期）

如上所述，不同建筑的建筑能耗在不同时期和不同运行时间的特征是完全不同的。西早稻田校园中不同建筑物单位面积能耗的峰值如表 4-8 所示。工作日中整个校园单位面积能耗的峰值为 754.97kJ/（m²·h），其次是节假日中校园单位面积能耗峰值为 638.62kJ/（m²·h），周末中的单位面积能耗峰值最小，为 615.22kJ/（m²·h）。

4.6.2　中国

选择中国这两所大学校园用电量最高的那一天作为代表日进行电力消耗分析。图 4-16 ~ 图 4-24 显示了每个季度校园每天的最大用电量日的逐时用能量曲线。

如图所示，用电高峰每天发生 3 次。冬季、秋季和夏季工作日的用电最高峰分别发生在1月6号（图4-16）、11月24号（图4-17）和6月13号（图4-18）。然而，值得注意的是，在特殊的日子用电量存在着显著的差异。在周末，图书馆的用电量变化较少而其他建筑物的用电消耗相对较低。在1月3号（图4-18），因为举办大的娱乐表演，礼堂的用电量非常高。准备考试前一周时间，图书馆的用电量也非常高。

不同的建筑电力消耗的峰值　　　　　　　表4-8

单位面积能耗 [kJ/(m²·h)]	51号馆	52-54号馆	55号馆	55-57号馆	58号馆	59号馆
工作日	137.03	147.6	206.78	221.87	188.75	195.87
周末	102.77	110.7	176.02	158.48	184.19	146.90
假期	84.52	73.8	155.08	126.78	125.83	97.93
单位面积能耗 [kJ/(m²·h)]	60号馆	61号馆	62号馆	63号馆	65号馆	整个校园
工作日	165.94	93.25	335.98	251.98	387.17	754.97
周末	140.83	63.94	310.27	169.44	322.64	615.22
假期	82.97	46.63	251.98	154.04	258.11	638.62

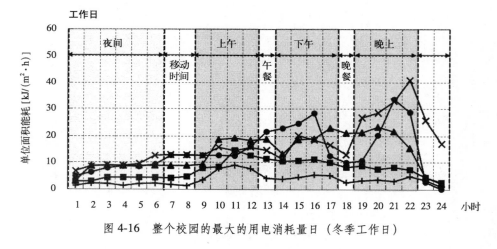

图4-16　整个校园的最大的用电消耗量日（冬季工作日）

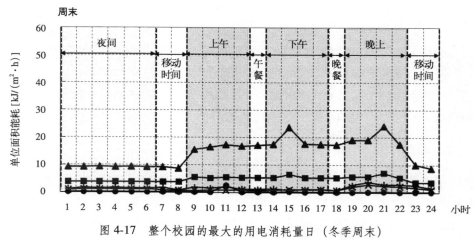

图4-17　整个校园的最大的用电消耗量日（冬季周末）

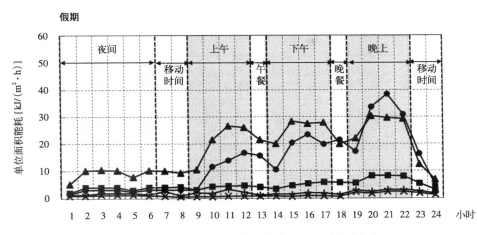

图 4-18　整个校园的最大的用电消耗量日（冬季假期）

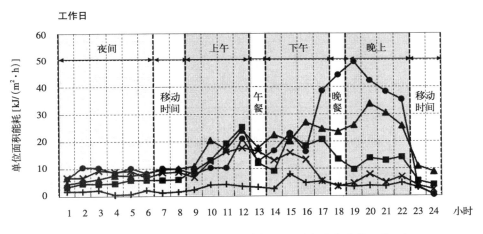

图 4-19　整个校园的最大的用电消耗量日（春季秋季的工作日）

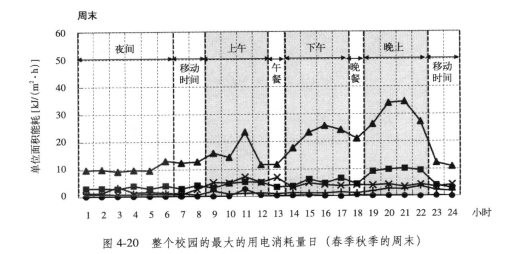

图 4-20　整个校园的最大的用电消耗量日（春季秋季的周末）

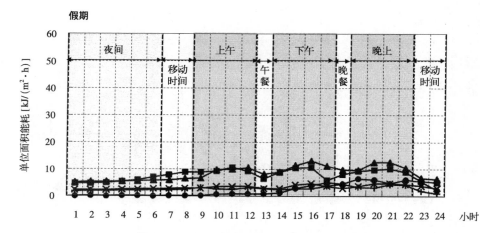

图 4-21　整个校园的最大的用电消耗量日（春季秋季的假期）

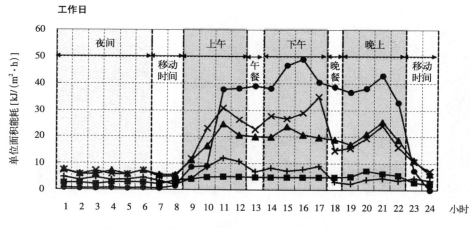

图 4-22　整个校园的最大的用电消耗量日（夏季工作日）

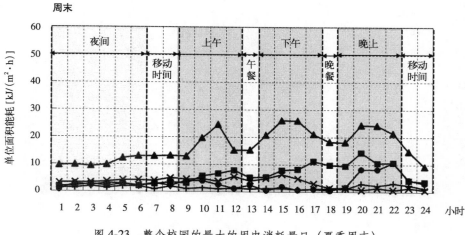

图 4-23　整个校园的最大的用电消耗量日（夏季周末）

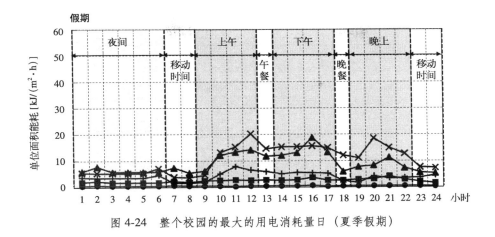

图4-24　整个校园的最大的用电消耗量日（夏季假期）

图4-25～图4-27显示了整个校园最大的冷量能耗量日。8月27号（图4-27），办公大楼和图书馆的冷量能耗量是高的，因为在此期间，教师和其他工作人员开始工作。与高峰时间相比，午餐和晚餐的用电量是高峰时段的3/5～4/5不等。此外，还可以发现移动时间段的用电量是高峰时间的1/3。

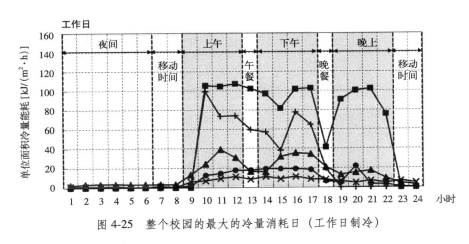

图4-25　整个校园的最大的冷量消耗日（工作日制冷）

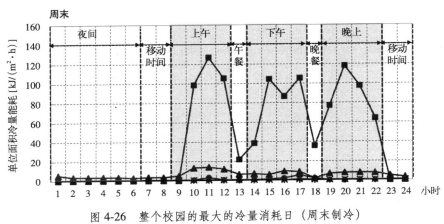

图4-26　整个校园的最大的冷量消耗日（周末制冷）

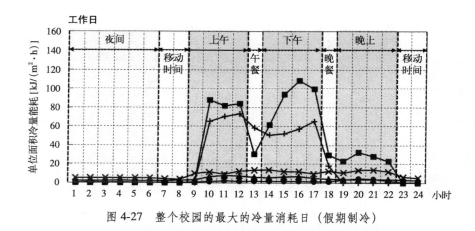

图 4-27　整个校园的最大的冷量消耗日（假期制冷）

表 4-9 和表 4-10 分别显示了在不同时期用电的最高峰值和供冷量峰值。整个校园的工作日用电量峰值出现在下午，为 74.80kJ/（m² · h），紧随其后的是晚上，为 61.70kJ/（m² · h），

不同的时期的电力消耗峰值　　表 4-9

电力消耗原单位 [kJ/（m² · h）]	办公建筑			教学建筑			科研建筑			图书馆			礼堂			整个校园		
负载期间	工作日	周末	假期	工作日	周末	假期	工作日	周末	假期	工作日	周末	假期	工作日	周末	假期	工作日	周末	假期
上午　8～12点	30.02	8.16	5.26	69.03	49.64	22.66	47.01	45.25	42.39	37.33	33.18	26.27	53.83	33.40	20.72	50.13	41.11	29.72
下午　13～17点	31.56	10.70	6.24	69.35	24.21	31.99	88.27	58.04	64.49	46.56	41.96	28.34	69.12	42.89	26.61	74.80	46.61	24.01
晚上　18～22点	12.78	7.80	5.13	66.21	17.28	16.04	68.25	47.81	53.47	46.29	43.94	21.34	58.29	36.17	22.44	61.70	33.57	23.28
午餐&晚餐　12～13点，17～18点	16.11	7.03	1.57	55.14	16.08	3.74	69.26	39.91	42.58	33.15	28.62	27.81	53.43	49.02	21.52	44.57	38.62	17.69
移动　6～8点，22～24点	9.36	6.69	1.49	24.74	16.15	3.76	47.83	25.40	21.82	21.50	16.73	14.46	32.29	23.31	16.31	22.91	21.89	20.91
晚上　0～6点	7.70	2.85	0.64	19.36	15.42	3.59	15.69	10.61	8.91	18.08	17.36	15.48	15.67	10.69	5.95	16.47	16.97	11.24

不同的时期的冷量消耗峰值　　表 4-10

能源消耗原单位 [kJ/（m² · h）]	办公建筑			教学建筑			科研建筑			图书馆			礼堂			整个校园		
负载期间	工作日	周末	假期	工作日	周末	假期	工作日	周末	假期	工作日	周末	假期	工作日	周末	假期	工作日	周末	假期
上午　8～12点	144.15	92.49	117.95	211.93	150.64	0.00	141.26	90.52	87.89	169.43	149.15	148.50	579.49	83.16	112.22	158.33	111.18	102.82
下午　13～17点	117.45	101.86	41.86	242.97	96.98	0.00	192.97	66.31	42.49	153.52	160.02	117.72	776.54	225.01	79.30	210.76	88.03	71.90
晚上　18～22点	82.32	56.02	0.00	143.14	120.93	0.00	75.44	45.12	36.85	166.60	170.00	122.73	615.46	24.89	63.81	112.24	77.33	37.27
午餐&晚餐　12～13点，17～18点	123.03	59.10	37.00	190.69	145.97	0.00	102.71	76.67	44.01	126.56	115.78	87.93	194.74	69.59	56.00	129.51	97.32	38.75
移动　6～8点，22～24点	65.90	45.15	0.00	115.21	79.91	0.00	51.05	46.55	10.14	54.43	17.47	0.00	13.81	26.57	0.00	66.73	47.60	8.74
晚上　0～6点	0.00	0.00	0.00	43.49	0.00	0.00	34.76	7.07	9.12	0.00	0.00	0.00	16.20	32.48	0.00	13.59	11.26	8.19

早上的值最小，为 50.13kJ/ ($m^2 \cdot h$)。冷量能耗的峰值同样也在下午，为 210.76kJ/ ($m^2 \cdot h$)，随后是早上的能耗值，为 158.33kJ/ ($m^2 \cdot h$)，而晚上的消耗最小，为 112.24kJ/ ($m^2 \cdot h$)。

值得注意的是，午餐和晚餐时间浪费了更多的能源。在这方面，应该提高节能意识，养成离开房间时关掉开关的习惯。

4.7　节能行动

为响应政府的温室气体减排目标和城市 CO_2 减排的号召，大学也必须履行减少 CO_2 排放和节约能源的义务。大学校园建筑能耗的节能方案可以通过三种方式实现：技术层面、管理层面和教育层面，并尽可能让所有教职工与学生参与到节能行动的每一个阶段和环节。

4.7.1　日本

日本政府对于可持续校园建设项目节能措施和节能技术的评价都是基于实际调研数据的分析开展的。为了掌握大学的节能行动现状，并提出节能对策，对早稻田大学 55 号馆 N 栋的 31 个房间进行了调查。调查研究包括了办公设备的种类和数量，室内的电器设备，节能行为的执行频率。

图 4-28 和图 4-29 显示了研究室的办公设备的类型和数量，以及目前使用的普通电器数量。结果表明，显示器和台式电脑是实验室拥有最多的办公设备，数量均超过 400 台。电冰箱和电风扇都是日本研究室里最常使用的电器。

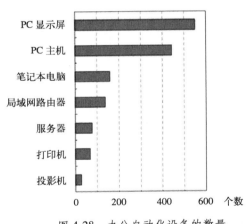

图 4-28　办公自动化设备的数量

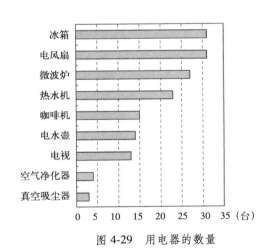

图 4-29　用电器的数量

图 4-30 显示了研究室房间的用电总量的比例。在电力消耗的过程中，冰箱占最多，其次是热饮水机、书桌照明、电风扇、热饮水机、电水壶、电视、微波炉、空气清洁剂和咖啡机。

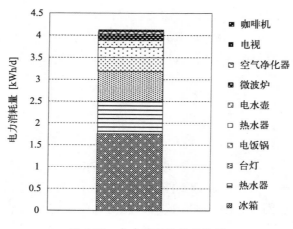

图 4-30　电力消耗总量的比例

　　从调查结果显示的节能行动的执行频率来看，19 项节能行动概括为两个步骤（已经开展或尚未进行）或四个步骤（进行、充分进行、偶尔会被执行和还没有执行）。然后总结成执行频率高和执行频率低两个结果，如图 4-31 所示。

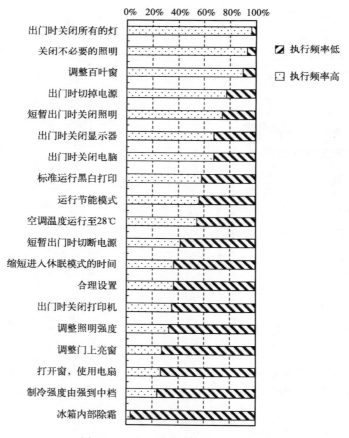

图 4-31　19 项节能行动执行的频率

如图所示，存在一些节能措施的执行频率高而一些执行频率低的现状。离开时关灯，减少不必要的照明，并调整百叶窗减少日照等节能措施的执行频率高。而执行频率低的项目是一些基础的用电消耗，像冰箱内的除霜。

基于执行节能行动频率的调研结果，进一步调查了其原因。调研结果有6项：无法进行、无法开展、觉得不方便、不舒服、麻烦和认为待机模式足够节能。如图4-32所示，在西早稻田校园的研究室房间内，没有执行节能行动的最主要的原因是认为执行该节能方法不舒服、麻烦和待机模式足够节能这3种原因。

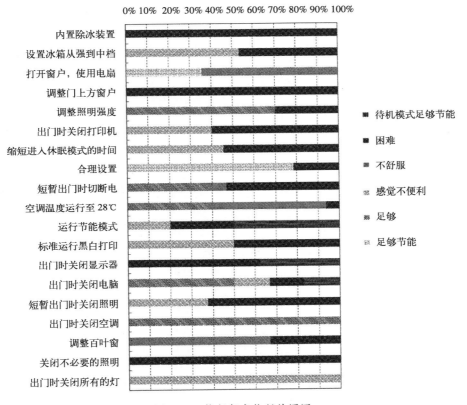

图4-32　执行频率较低的原因

4.7.2　中国

表4-11反映了华南理工大学已计划的和已开展的减少温室气体排放量的节能对策。表4-12反映了已经完成和计划用于华南理工大学的主要节能设备和技术。

华南理工大学引入能源管理系统（EMS）。在校园内，该能源管理系统覆盖约100栋建筑物，这给大学带来了巨大的经济利益。他们重视空调系统的控制，如调整制冷的开始和结束时间并且控制新鲜空气的总量和温度设置等。同时安装大量的温度传感器监控环境和室内温度，能源管理系统利用温度传感器发送的值来调整和控制室内温度。

华南理工大学主要的节能对策　　　　　　　　表 4-11

节能对策	现在			今后		
	已积极采用	已采用	未采用	维持计划	有计划	无计划
1. 调整电压		◎		◎		
2. 适当的照明亮度	◎			◎		
3. 关掉不必要的照明	◎			◎		
4. 办公自动化设备在未使用时运行节能模式		◎		◎		
5. 降低自动扶梯和电梯的使用频率			◎		◎	
6. 优化设置空调系统的设定温度	◎			◎		
7. 停止不必要的除湿和加热		◎		◎		
8. 合理设置冷却水温度	◎			◎		
9. 调整空调系统的制冷 / 采暖期	◎			◎		
10. 调节新风量	◎			◎		
11. 启动时减少不必要的新风		◎		◎		
12. 热源设备检修		◎		◎		
13. 能源需求的管理	◎	◎		◎		
14. 优化设备的设定值	◎			◎		

华南理工大学的主要节能设备、技术　　　　　表 4-12

能源设备和节能技术	摘要	现在			今后		
		已采用	未采用	不清楚	维持计划	未计划	不清楚
1. 能源管理系统引入	建筑管理系统旨在改善室内环境和节能性能	◎			◎		
2. 可再生能源	太阳能发电,热电联产系统,风能,生物质或地热		◎		◎		
3. 自动控制照明	感应传感器,时间进度控制的方法		◎		◎		
4. 节能照明	可调整亮度照明	◎			◎		
5. 贮热水箱	存储热能,在需要的时候提取			◎			◎
6. 引进节能办公设备	购买的办公设备,达到节能标准	◎			◎		
7. 节约用水	水资源有效利用和水池的发声装置等	◎					
8. 雨水利用系统	存储和再利用雨水		◎				◎
9. 排水利用系统	利用建筑物排水或回收利用处理过的节水		◎		◎		
10. 减少日照	百叶窗、挡板、可调遮阳板等		◎				
11. 引进隔热和多层玻璃	提高外墙,窗户的隔热性能,减少热交换		◎		◎		

　　表 4-13 为清华大学校园的节能对策计划和实施的情况。表 4-14 为清华大学已经完成和计划的主要节能设备和技术情况。

清华大学建筑物 A 和 B 使用的主要节能方法　　　　　表 4-13

现在（已积极采用 / 已采用 / 未采用）；今后（维持计划 / 有计划 / 无计划）

节能对策	已积极采用 A	已积极采用 B	已采用 A	已采用 B	未采用 A	未采用 B	维持计划 A	维持计划 B	有计划 A	有计划 B	无计划 A	无计划 B
1. 调整电压			◎	◎			◎	◎				
2. 适当的照明亮度			◎	◎			◎	◎				
3. 关掉不必要的照明	◎			◎			◎	◎				
4. 办公自动化设备在未使用时运行节能模式			◎	◎			◎	◎				
5. 降低自动扶梯和电梯的使用频率					◎	/			◎			/
6. 优化设置空调系统的设定温度			◎	◎			◎	◎				
7. 停止不必要的除湿和加热			◎		◎			◎				
8. 合理设置冷却水温度			◎		◎			◎				
9. 调整空调系统的制冷/采暖期			◎				◎					
10. 调节新风量			◎		◎			◎				
11. 启动时减少不必要的新风				◎	◎			◎				
12. 热源设备检修			◎	◎			◎	◎				
13. 能源需求的管理			◎					◎				
14. 优化设备的设定值			◎		◎		◎					

清华大学建筑物 A 和 B 采用的主要节能设备、技术　　　　表 4-14

现在（已采用 / 未采用 / 不清楚）；未来（维持计划 / 未计划 / 不清楚）

能源设备和节能技术	摘要	已采用 A	已采用 B	未采用 A	未采用 B	不清楚 A	不清楚 B	维持计划 A	维持计划 B	未计划 A	未计划 B	不清楚 A	不清楚 B
1. 能源管理系统引入	建筑管理系统旨在改善室内环境和节能性能	◎	◎					◎	◎				
2. 可再生能源	太阳能发电,热电联产系统,风能,生物质或地热			◎	◎			◎	◎				
3. 自动控制照明	感应传感器,时间进度控制的方法			◎	◎			◎	◎				
4. 节能照明	可调整亮度照明	◎	◎					◎	◎				
5. 贮热水箱	存储热能,在需要的时候提取			◎	◎			◎				◎	

续表

能源设备和节能技术	摘要	现在						未来					
		已采用		未采用		不清楚		维持计划		未计划		不清楚	
		A	B	A	B	A	B	A	B	A	B	A	B
6.引进节能办公设备	购买的办公设备，达到节能标准	◎	◎					◎	◎				
7.节约用水	水资源有效利用和水池的发声装置等	◎	◎					◎			◎		
8.雨水利用系统	存储和再利用雨水	◎	◎					◎				◎	
9.排水利用系统	利用建筑物排水或回收利用处理过的节水			◎	◎					◎	◎		
10.减少日照	百叶窗、挡板、可调遮阳板等	◎								◎			
11.引进隔热和多层玻璃	提高外墙，窗户的隔热性能，减少热交换	◎	◎					◎	◎				

4.8　结论

本章首先比较了中国和日本在气候区域特征、电力费用、节能补贴和政策等方面的不同，然后对比了中国和日本大学校园的管理制度和组织机构等方面的不同。日本的校园能耗管理是平行的部门，从能源策划与目标制定，到实施运行，监测检查，最后到维护管理的各部门之间是资源共享的系统管理，其数据和资料的记录和备份都是非常详实的。我国在国家战略层面已经大力推行节能减排和绿色校园建设，但大部分校园建筑能耗的数据和建筑细节很少公开，校园能耗一般用总量进行分析。由于中国和日本的大学校园建筑的建造年代、规模、组织和管理制度等方面的不同，而且不同建筑气候分区的校园建筑能耗特点和用能需求也有差异，很难直接进行能耗数值和节能行为的对比。因此我们最后对大学校园典型建筑的不同时期、不同使用时间的单位面积能耗峰值进行比较，并分析了各自校园典型建筑所采用的节能技术方法。

中国大学校园案例中虽然安装了能耗分项计量和能源管理系统，但由于传感器参数的基础数据没有专业人员的管理和调控，而且还很难获取到，所以实际运行的能耗数据非常珍贵。倡导校园建筑节能行动的管理层面如果能够参考到建筑运行过程中实际使用能耗的变化，不仅可以很好地把握建筑和设备系统的性能状况和用能趋势，而且还可以通过单位面积能耗值的变化规律，分析引起建筑能耗变化的重要影响因素，如建筑空间功能、建筑面积、使用者人数、运行时间、天气等，并来预测和估计将来的能耗量。本章通过中国和日本大学校园调研案例的实际运行能耗特点，基于单位面积能耗的调研结果进行了不同时间段的用电高峰的分析。结论为：

1）西早稻田大学校园每小时的最大用电量是在 2009 年 1 月的 16 点。华南理工大学南校区每小时最大用电量和冷量消耗的最大值分别是在 2009 年 10 月的 12 点和 16 点。

2）不同使用功能的建筑及整个校园的能耗都按照不同的运行时间进行了细致分析，这样反映出在不同的运行时间哪些建筑或哪一个时间段消耗更多的能量。

3）在制冷期间，工作日的电力消耗是最多的。比如在清华大学建筑 A 用电高峰在早上 8 点为 28.85w/m^2，建筑 B 用电高峰在下午 3 点为 8.57w/m^2。

此外，通过使用问卷调查的方式，对当前大学校园的能源系统使用情况和目前的节能现状进行评价。在日本大学校园还通过问卷调查讨论了常用节能方法和已实施的节能行动的执行状况，这些都有助于总结出高效的能耗管理措施。在中国的大学校园随着绿色大学校园联盟的发展，很多高校已经开展了一些建筑节能减排对策，并且在校园内的既有建筑上进行了绿色改造，采用了很多的建筑节能设备和技术。这些节能方法和改造升级的效果如果没有和实际运行使用的历史能耗数据进行比较，也很难评估验证其优化提升的程度。

本章参考文献

[1]　国家统计局能源统计司 .2010 年中国能源统计年鉴 [R]. 中国统计出版社 .2011.

[2]　中华人民共和国建设部 . GB 50176—93 民用建筑热工设计规范 [S]. 北京：中国计划出版社，1993.

[3]　清华大学建筑节能研究中心 . 2009 ～ 2015 年中国建筑节能年度报告 [M]. 北京：中国建筑工业出版社，2015.

[4]　新エネルギー・省エネルギー非営利活動促進事 [EB/OL].[2012-10-21]. http://www.pref.kagawa.jp/kankyo/chikyu/ontai/meti2102.htm.

[5]　日本ビルエネルギー総合管理技術会 HP[EB/OL].[2013-6-20]. http://www.bema.or.jp/.

[6]　一般社団法人，日本エレクトロヒートセン一 [EB/OL].[2013-6-22]. http://www.jeh-center.org.

[7]　一般社団法人，都市ガス振興センター HP[EB/OL].[2013-6-22]. http://www.gasproc.or.jp/ngas/main.html.

[8]　日本 LP ガス団体協議会 HP[EB/OL].[2013-5-25].http://www.nichidankyo.gr.jp/.

[9]　日本石油連盟（PAJ）HP[EB/OL].[2013-6-20].http://www.paj.gr.jp/.

[10]　省エネルギーハンドブック 2010[EB/OL].[2012-3-17]. http://www.eccj.or.jp/law/pamph/outline/index.html.

[11]　Energy in Japan，（Agency for Natural Resources and Energy，METI）[EB/OL].[2014-3-17].http://www.enecho.meti.go.jp/topics/energy-in-japan/english2008.pdf.

[12]　経済産業省関東経済産業局 . 判断基準と管理標準 [EB/OL].[2014-5-5]. http://www.kanto.meti.go.jp/seisaku/enetai/1-2-1handan_kanri.html.

[13]　Tools for Energy Management，The energy conservation center，Japan. [EB/OL].[2014-5-7].http://www.asiaeec-col.eccj.or.jp/cooperation/tools.html.

第 5 章　日本和中国大学校园的节能措施及减排效果模拟实践

5.1　引言

前面章节提到，日本和中国的大学校园都在研究通过改进设备来提高能源的利用效率。本章紧紧围绕节能措施和节能潜力这一核心，提出了对大学校园节能减排效果的评价方式，并给出了有效的减排效果和节能潜力的计算方法，该计算方法以能源管理部门的调研数据为基础，并进行了能耗设备的环境模拟。

5.2　日本生态校园实际运行状况评价

本部分内容是对北九州市立大学校园的热电联产系统设备的运行情况的分析，并对整体能源系统和水资源系统管理体系进行了系统的研究。研究发现北九州市立大学生态校园的能源监管体系不仅满足了能源需求和能源分配的优化控制，而且提高了整个校园的节能潜力，减少了 CO_2 的排放量。因此进一步对节能技术体系进行研究，比如回收废热的能源存储技术以及能源内部需求和供给的平衡调配，最后在北九州市立大学校园自然生态系统和水循环系统的维护管理和实践方面也进行了探讨。

5.2.1　能源系统评价

图 5-1 显示了热电联产设备发电量和发电效率的历年变化。热电联产系统是以燃料电池设备运行为主，所以其发电时间比天然气发电设备要长。该燃料电池设备在建成运行初期第一年，由于设备经常发生故障导致经常停止工作，因此使用频率比较低，发电量和发电效率都比较低。从第二年开始燃料电池的发电效率保持在 30% 左右，运行的第五年设备进行了维修保养。与燃料电池相比，天然气发电设备的发电效率比较稳定并平均保持在 26% 左右。从第五年开始，由于电费的价格降低，天然气发电机在周末和假期的使用频率比较低，发电量和发电效率相比其他年都下降了。

图 5-2 显示了排热回收量和热回收率的历年变化。从图中可以看出燃料电池的热回收率低于天然气发电设备，总回收率大约在 60% 左右。燃料电池的热回收率在 12% ~ 20% 之间，天然气发动机的热回收率在 37% ~ 40% 之间，总回收率大约在 60% 左右，实际的热回收率低于理论回收率值（燃料电池 40%，天然气发电机 47.7%）。此外，如在第 3 章的

表述，这个系统的热量浪费非常大，尤其在冬天，60%的热量都被浪费掉。

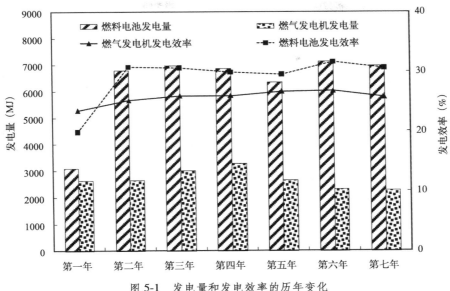

图 5-1　发电量和发电效率的历年变化

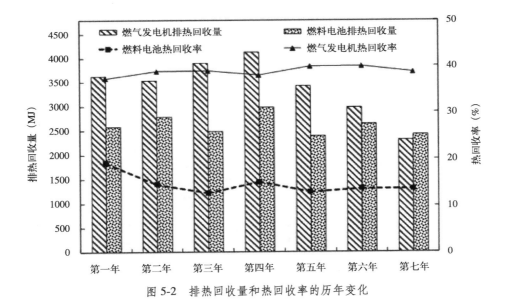

图 5-2　排热回收量和热回收率的历年变化

图 5-3 是一次能源利用率全年变化图。能源系统的一次能源利用率在全年的最大值为 69.9%，比传统系统（60.0%）高出 9.9%。而且在全年的一次能源利用率的平均值达到了 54.9%，比传统的供电系统（49.8%）高 5.1%。天然气发电机一次能源利用率的变化范围在 24.6% ～ 67.7% 之间。燃料电池的整体一次能源利用率略低，变化范围在 27.2% ～ 58.5% 之间。

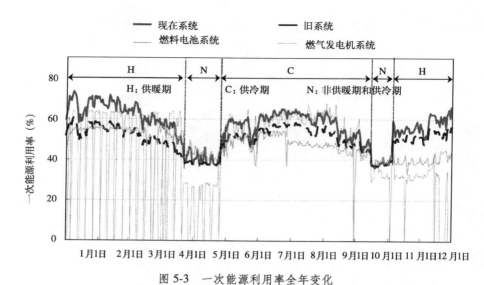

图 5-3　一次能源利用率全年变化

来源：Yingjun RUAN，Integration study on distributed resource and distribution system，

doctoral dissertation，the University of Kitakyushu，March 2006.

图 5-4 是一次能源投入量的比较。这里对热电联产能源系统和传统能源系统一次能源投入量的大小进行比较。在北九州科研园区中，以热电联产为主的分布式能源系统中一次能源投入量要比传统供电系统低 10.9%。在这一年中系统共节约一次能源量7628.5GJ，包括太阳能发电系统节约一次能源量 1571.68GJ，占总量的大约 2.2%。燃气—蒸汽联合系统节约一次能源量 6056.82GJ，占总量的大约 8.7%。

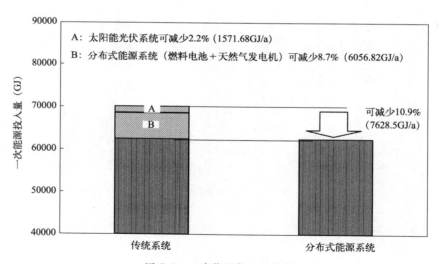

图 5-4　一次能源投入量分析

图 5-5 反映的是全年 CO_2 减少比率。尽管该能源系统在供暖期间减少了 6% 的 CO_2 排放率，整体平均的 CO_2 减排比率是 -6.32%。但在非供暖非供冷的过渡区段时期，该能

源系统比传统系统排放了更多的 CO_2。分布式能源系统总计多排放了 47.67t 的 CO_2。

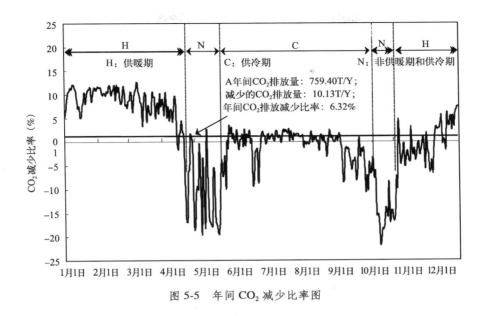

图 5-5　年间 CO_2 减少比率图

5.2.2　中水利用系统评价

通过对 3 个系统（供水系统、雨水系统、排水系统）的构成比、替代率和使用率进行分析，进行北九州市立大学校园水循环系统评价。

1. 供水消耗构成比

供水年度消耗构成比如图 5-6 所示。中水系统的供应比率为 58%，是北九州市立大学校园环境能源中心最有效的。在环境能源中心系统中雨水处理池的供应比率是 18%，超过所有供水量的 10%。

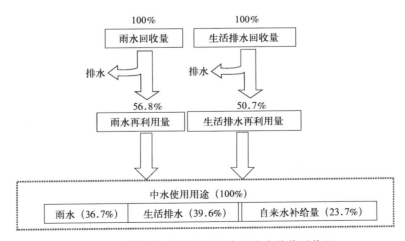

图 5-6　北九州市立大学校园中再生水的使用状况

2. 雨水再利用的构成比

收集的雨水用于喷洒、冷却塔和制冷。与制冷和喷洒相比，冷却塔使用的中水率最高，几乎占用了雨水再利用的 96.9%。

3. 雨水再利用、排水和中水再利用

雨水的年利用率为 60.37%，是由雨水使用量（一个地区）除以每年降雨的雨水量（一个地区）计算的值。排水的年利用率约为 50%，是指排水再利用量除以排水收集量计算所得的值。中水的利用率为 54.2%，是指处理的雨水量和排水量的总和除以雨水和排水的收集量。如果综合考虑整体的水循环系统，中水利用的部分所占的比率就很少了。

4. 供水替代率（雨水和排水再利用）

雨水再利用的供水替代率和排水再利用的供水替代率分别是 42.5% 和 49.6%，供水总替代率为 92.2%。由于良好的排水系统，供水替代率很高，如厕所的冲洗都是由再利用的中水替代的。在科研园区中节水效果达到了 92.2%。雨水和生活污水的利用率分别为 56.8% 和 50.7%，雨水和生活污水的替代率分别是 36.7% 和 39.6%。作为一种可供使用的再生水，雨水处理池的供水补给量（23.7%）可以由再生水代替。

5. 节水效果

图 5-7 是在年间的使用水循环系统供水量。如图所示，代替我们使用的上水的再利用水量，生活污水的再利用量在 7、8 月份大大增加，年节水量达到 16711m³。

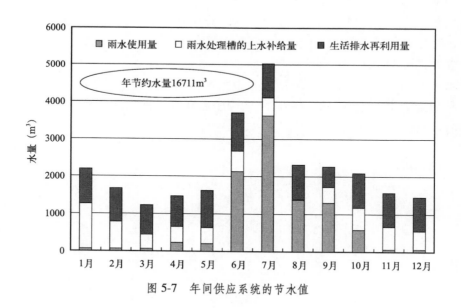

图 5-7　年间供应系统的节水值

6. 对水循环系统的改进

在目前的系统中，北九州市立大学校园的每一个建筑都在收集污水，但很少被加工成再生水进一步使用。由于雨水系统的雨水回收量很小，不足部分则由纯净水进行补充。为了提高经济性，提出了充分利用污水资源回收系统的改进方法。图 5-8 是改进的循环

水系统的流程。在这个系统中，生活污水的再利用水箱对雨水存储水箱提供再生水，改进了水循环系统再生水的利用率并降低每月的水费。表 5-1 显示的是北九州水站的供排水成本合同（40mm）。图 5-9 是过去的水循环系统和目前改进的水循环系统之间的用水收费比较结果。与过去的水资源利用系统相比，水费降低 62.8%，每年可节省 649 万日元，约合人民币 38 万元。

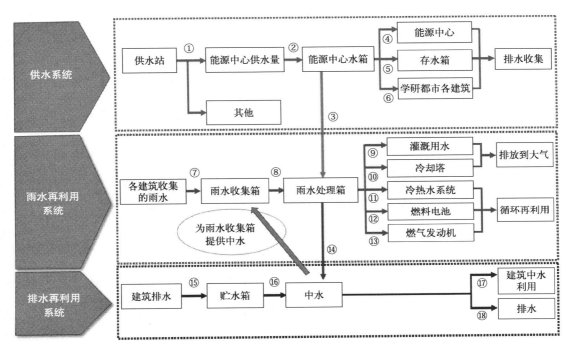

图 5-8　循环水流程的改进

供排水价格（40mm）							表 5-1
自来水（40mm 以上）	0m³	1m³ ~ 50m³	51m³ ~ 100m³	101m³ ~ 400m³	401m³ ~ 2000m³	2001m³ ~ 20000m³	20001m³ 以上
	日元	日元	日元	日元	日元	日元	日元
	9000×1.05	$(A \times 124 + 9000) \times 1.05$	$[(A-50) \times 158 + 15200] \times 1.05$	$[(A-100) \times 210 + 23100] \times 1.05$	$[(A-400) \times 290 + 86100] \times 1.05$	$[(A-2000) \times 325 + 550100] \times 1.05$	$[(A-20000) \times 335 + 6400100] \times 1.05$
排水费	0m³ ~ 20m³	21m³ ~ 50m³	51m³ ~ 100m³	101m³ ~ 400m³	401m³ ~ 2000m³	2001m³ ~ 20000m³	20001m³ 以上
	日元	日元	日元	日元	日元	日元	日元
	1268×1.05	$[(A-20) \times 141 + 1268] \times 1.05$	$[(A-50) \times 208 + 5498] \times 1.05$	$[(A-100) \times 257 + 15898] \times 1.05$	$[(A-400) \times 307 + 92998] \times 1.05$	$[(A-2000) \times 407 + 584198] \times 1.05$	$[(A-20000) \times 412 + 7910198] \times 1.05$

7. 经济比较

在传统供水系统中，洗手间、冷却塔补给水等都使用由政府供应的自来水。图 5-9 表明，如果使用的是再生水系统，水费可以减少 55%，即节省 570 万日元。但另一方面，如果考虑到中水系统的安装费用，12000 万日元的初始投资和 20 年的使用期限，按照投资回收效益来讲，它的经济效益并不划算。[1]

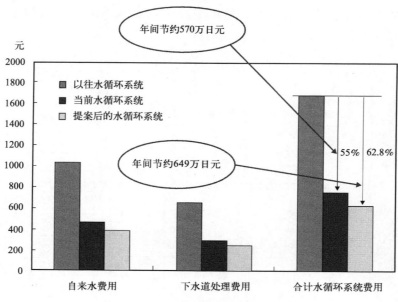

图 5-9　3 个水循环系统的支出对比

为了有效地推行生态校园建设，真正把握大学校园建筑实际运行能耗的真实情况，对于大学校园建筑的全部用能设施、用于教育和研究的教学实验设备等的能耗研究是非常重要的。通过对于这些现状的准确把握，我们不仅可以真实地掌握能源消耗量的需求，也能有效地预测减少能源消耗量的潜力。另一方面，基于环境承载能力来进行下一步如何合理使用能源的探讨是相当重要的。现有的研究只是集中在对生态校园环境负荷的有效减少，而对能源和水资源再利用，以及经济效益方面的改善则需要进一步的研究。

5.3　有效的能源管理模式

基于以上研究发现有效的能源管理模式对于把握高校建筑的能耗实际运行情况是非常重要的。我们可以通过能源管理系统的计划、运行、维护，以及监测到的能耗量和峰值等有效信息，对校园整体的能耗进行有效的管理和调控。

管理标准的制定和应用是提高能源管理最有效的方法。大学应该建立能源管理标准作为高校能源管理的基础。通过制定能耗运行管理标准，维修管理标准，能耗设备检查标准等并基于上述管理标准进行管理，实现高效的能源管理。能源管理标准的设置和应用不仅能节约能源，还能够给大学带一些有益的方面：

（1）分享和学习专业技术人员的管理经验；

（2）实现精细化管理和最优化管理的统一，避免资源和能源的浪费；

（3）培养大学校园能源运行管理的专业技术人员；

（4）预估能耗状况和峰值，有效地进行能源控制。

建设初期大学校园为了降低设备成本，拒绝安装节能空调及相应节能设备，造成了能源浪费。因此说服大学校园管理人员加强节约能源意识，引进节能设施和使用节能技术是很有必要的。其中安装节能设施和使用节能方法所投入的初始成本可以在后期运行过程中通过能源费用的削减进行回收，初期投资的成本多在几年内就可以转化为效益。

根据"对机构等合理使用能源的企业经营者的判断标准"（Announcement No.66 of Ministry of Economy，Trade and Industry on 31 March 2009），大学管理者应在适当管理能源和设施，符合节能需求的各种标准方面做以下努力：[2-4]

（1）把推行建筑节能和促进能源监管作为大学校园能源管理的一个整体系统考虑；

（2）合理选择能源管理系统的专业技术人员及负责人；

（3）制定有助于节能减排的政策和目标，包括安装新节能设施或替换现有设施等；

（4）致力于检查和评价完成状况的制度，并基于评价结果进行节能改进；

（5）进行必要的运行状况的定期检查和评估政策、及时解决问题并进行改进；

（6）通过建立文本管理，定期更新、维护并记录建筑的具体信息、使用时间和能源使用量；

（7）定期对所有设施、设备的运行实况进行检查和维护并记录存在的问题。

大学能源管理应按时序执行，基于以往的运行使用能耗来分析和预测能耗的未来使用趋势。此外还应考虑综合节能控制，包括采暖系统、余热回收设施、热电联产设施、用电设备、空调设备、通风设备、热水供应设施等。同时应考虑掌握设备设施的老化情况并定时维修并更换设备。在推进大学校园节能建设时，有必要采用科学管理方法来实行能源管理和效率的提高。在能源管理与审计过程中，按照计划、执行、检查、处理的管理方法，即PDCA（Plan-Do-Check-Act）循环。进行单位建筑面积能耗计量管理、设施的维护管理、效率管理、运行管理和设备的全生命周期管理。这里的PDCA循环在大学校园节能减排工作中应用，具体包含四个部分：能耗标准和用能目标的制定（计划）、运行使用过程管理（执行）、分析检查能耗实际运行情况（检查）和处理能耗使用问题并制定标准（处理）。

1. 有效地掌握实际情况的能源消耗能耗

为了有效地开展节能工作，应着重把握能耗的实际情况和设备效率的变化。通过对比分析设备运转水平、温度变化和能耗趋势，可以发现它们之间的联系。此外，为了掌握详细的能耗趋势，需要增加有效的周期性测试点。根据判断标准的定义，能源管理原则的详细解释和效果如下。"管理"决定每个设备的操作点，对应于它的功能和特点，设定了管理指标，按照正常的运转率标准数值和时间，将所有指标和细节记录成文件。测试阶段的结果不管好与坏，都根据实际测试的方法和频率，定期进行测试和记录。测试的目的是判断和记录设备的实际工作情况。如果测试值超过测试范围，可将它作为异常数据排除。维护检查是防止设备性能退化。选择对象，定期检查是否正常，然后记录下结果。对于引入新的设备和机械，要提前制定中长期规划，包括新设备和更新的机械设备。

节约能源并不是一个新的任务。日常设备管理和设备维护与节能关系密切。日常的节能管理工作是基于每一个项目的判断而得来的，因此很容易找到各个用能点。为了促进节能体系的发展，需要同时考虑节能措施和进一步推动节能减排实施这两个方面。因此，在日常的能源管理工作中需要加强节能意识。以下以空调设备的动态性能测试为例。

在夏季和冬季，室外空气的流入导致空调负荷增加，增加能耗。在管理标准中，室内 CO_2 浓度为 700，所以如果测量的结果是 500，则表明还可以减少新风，提高 CO_2 浓度（计划）。以管理标准值为目标，调整室外空气引入，来降低空调负荷（做）。然后管理标准的反馈表明，机器工作属于管理标准的范围内。如果没有任何设施的问题，管理水平的提高将是节能措施的下一个目标。在上述情况下，如果没有室内环境问题，通过调整室外空气的引进量，改进管理标准（检查）。在管理水平的提高过程中，必须考虑预见的问题和节能的影响，并在案例实验进行管理，与标准值的修正必须同时进行（实施）。

如果修改管理标准值，基于上述过程在中长期计划反映是非常重要的。相关节能法律表明，管理标准与推进节能的中、长期计划需要联系起来。目标完成度和实施对策的成本应定期检查（检查）。中长期计划的结果反馈是很重要的（实施）。此外，与能耗比较类似的能源设施也反映实现目标的可能性。例如，与其他同类大学项目的比较，对于进一步改善能耗起到了重要作用。有效的能源管理内容和效果见表 5-2。

能源管理要点   表 5-2

项目	内容	措施/效果
1. 能源管理系统	· 组织的建立和员工培训 · 节能目标和投资预算 · 管理标准的制定 · 节能减排的执行情况	· 高级专业人员 · 建立专业队伍管理 · 设备运行 PDCA · 加强宣传和引导教育
2. 运行情况的测量和记录	· 对建筑图纸、文档的维护 · 设置、使用、维修并检查计量器具的情况 · 进行测量并记录	· 在具体的范围内来自不同的设施和部门的测量和尽可能详细的分析
3. 能耗管理	· 日常记录情况 · 日常和月均消耗 · 电力平衡 · 历年年度比较图	· 通过趋势图分析测量数据 · 能源和二氧化碳的单位消耗
4. 机械维护	· 定期检查和日常检查 · 机械和系统性能管理（COP） · 机械清洗（过滤器，Strike trainer）	· 采纳诸如预防和预见等高级维护的建议 · 维护和调整公司绩效管理都是可取的
5. 能耗指标的管理	· 热量指标（$MJ/m^2 \cdot a$） · 电力基本单位 $kWh/(m^2 \cdot a)$ · 二氧化碳基本单位 $[t/(m^2 \cdot a)]$	· 尽可能多的获取不同地方和不同设备的信息
6. 管理体系	· 引入能源监管体系（BEMS）	· 以全生命周期理论进行合理控制能源管理

全生命周期成本（Life Cycle Cost，简称 LCC），也被称为全寿命周期费用。它是指要考虑设备在整个生命周期所有经济投资性能的评价方法，比如在建筑的全生命周期内从初建到最后被拆除的过程中发生的能源费用和维修管理费用。投入的初始成本一般不超过全生命周期总成本的 20%。

5.4　降低能耗的改进措施

1. 关于日本大学校园办公环境和安全的调研结果

1）大学校园的节能政策是由大学环境与安全部门执行。

2）东京政府规定大学校园每年应削减 8% 的 CO_2 排放量，其中 4% 可以依靠设备和其他硬件更新降低，剩下 4% 可通过节能意识和节能行动的加强来改进完成。

3）现在的管理层面改进方法是通过管理避免能源浪费，但不能预测节能效果。

4）由于个别数据缺失等原因，目前还没有提交大学校园节能政策具体的反馈报告和提案。

2. 关于大学校园的规划和建设的调研结果

1）大学校园建设财务预算是由规划和建设部门决定的，但需要得到财务管理者认可。

2）新建筑物的布局和教室标号必须由总务科决定，规划和建设部门必须满足总务科的要求。

3）近五六年内，太阳能光伏发电将引入校园新建筑中作为初步的节能实验措施。而西早稻田校园既有建筑并没有光伏发电的引进计划。

4）西早稻田校园已经综合考虑了节能设备的使用年限和更新措施，计算并制定了节能计划。

5）通过改进管理方法、安装新的测量仪器并细分测量过程，西早稻田校区掌握了除 52～54 号建筑外的所有建筑物的能耗数据。

6）在西早稻田校区，教学楼在午休期间只开放较低楼层，其他楼层是封闭的，所以很难获得详细的节能效果数据。

3. 技术规划事务科的询问调查

1）调整项目是技术规划事务科的主要任务。

2）对于重油锅炉，建筑 56、57 号馆在 2009 年暂停使用，58、59 号馆在 2010 年暂停使用，60、61 号馆在 2011 年暂停使用。作为替代，引进了电热水器取代原有的重油锅炉的使用。

3）2005 年 6 月西早稻田小区更换了高效照明设备，并制定了 5 年安装计划。教室和实验室建筑优先安装。

4）校园节能效果的估算方法是：计算停用重油锅炉后 CO_2 的减排量；将校园办公室的日光灯改为高效节能灯，并计算削减的耗电量及 CO_2 减排量。

4. 对设备管理公司 S 的调研结果

1）当警卫巡视校园和课堂时，他们会关掉无人房间的灯和空调，这也对大学校园节能有着一定的作用。

2）当教室里虽然没有讲课或会议活动，但是只要有一个学生在使用时，灯是不能关闭的。教室管理是由大学规定的，在这种情况下他们也无能为力。

3）在2008年早稻田大学节能设施管理人员和设备管理公司S举行了应对地球和温室效应的对策会议，设备管理公司S提出了对校园整体设备的管理建议。

2008年11月28日，设备管理公司S公司提出了早稻田大学校园节能措施和预期结果如下：

1. 管理公司自有的解决方案：①停止使用51号馆地下二层的燃气热泵的加热功能。②科技图书馆、实验室和研究所由中央空调负担，只运行通风系统，停止再安装使用个体空调系统。③2008年11月开始实施。④预期结果：CO_2排放量将削减4.05t。⑤因为缺少实测仪器，无法准确计算结果。

2. 缩短51号馆冷热水机组的运行时间：①2008年8月开始实施。②冷热水机运行时间缩短1小时。

3. 缩短55号馆加热和冷却水机运行时间：①2009年5月开始实施。②冷热水机运行时间缩短1小时。③根据季节月份和室外温度等实际情况，估计可削减10%～20%的能耗。

4. 加长52～54号馆冰蓄冷设备交替运行时间间隔：①2008年开始实施。②每天2套冰蓄冷设备交替运行。

5. 调整63号馆所有空调机组的减震器：①2008年开始实施。②3楼服务器机房使用室外空气冷却减震器。

6. 从2008年4月开始关闭63号馆的大厅照明。

7. 夏天停用63号馆热水锅炉：①2010年5月开始实施。②6月和7月的能源消耗量减少，但由于受室外温度的影响，能源消耗在9月会开始再次增加。③调整教室01和02的冷水温度。④效果预测：CO_2的排放量将减少0.36t。⑤没有个体数据，效果不可预测。

8. 冬季和夏季停止63号馆防灾中心个体空调使用：①2008年11月开始实施。②为防止虫子从开启的窗户进入室内，在窗户上安装纱窗。

同时需要早稻田大学配合的工作：

1. 缩短55号馆排气风扇的运行时间：①从93小时/周减少到80.5小时/周。②结果预测：CO_2排放量将降低8.36t。③大学校园采购程序规定，设备采购必须得到大学管理人员的许可。

2. 改变51号馆大厅的冷热水机冷水出口温度：①由7℃提高到8.5℃。②冷热水机冷水口温度提高需要得到大学管理人员同意。③结果预测：CO_2排放量将降低0.84t。

3. 55号馆冷热水机冷水出口温度的调整：①由7℃提高到8.5℃。②冷热水机冷水口温度提高需要得到大学管理人员同意。③结果预测：CO_2排放量将降低0.84t。

4. 52～54号教室星期六限制使用：①确认52～54，56号教室星期六的使用人数，关闭多余的教室。②关闭多余的建筑出口。③使用关闭的教室必须得到学校的许可。

5. 51，61，62，65 号馆在夜间停止风机运行：①安装排气风扇定时器，对排气风扇的使用进行科学管理。②定时器安装必须得到大学管理人员同意。

6. 缩短 63 号馆楼层终端教室 A ~ F 的 3 组机组的运行时间：①使用率低的房间的空调运行时间限制为 8：00 ~ 18：00。②关闭空调机房 A、B 系统和 C、D、E 系统并使用回收电力系统，预期能够减少 CO_2 排放量 9t。③机房使用必须得到大学管理人员的同意。

7. 提高 63 号馆加热和冷却水机冷水出口温度：①由 7℃提高到 8.5℃。②冷热水机冷水口温度改变需要得到大学管理人员同意。③效果预测：CO_2 排放量将降低 0.84t。

基于以上的调研结果，总结如下：

1. 校园环境和安全部门认为，东京政府规定大学校园应削减 8% 的 CO_2 排放量，其中 4% 可以依靠设施和其他硬件的更新完成，剩下 4% 可以通过节能意识管理和促进节能行动来改善完成。早稻田大学可以实现 8% 的 CO_2 排放量削减目标，但是节能计划无法递交给能源设备管理公司 S。

2. 早稻田大学着重通过设施的更新实现节能效果，如停用重油锅炉，更换高效照明设施。节能管理方面，早稻田大学致力于制定各种科学管理方案实现节能效果，如熄灭无人使用房间的照明设施。

3. 根据大学能耗设施现状，设备管理公司 S 提出了一些节能措施，但受多种因素的制约。

4. 早稻田大学提交了节约资源和降低能耗的有关措施和预期效果报告（环境安全部），但没有得到反馈。环境安全管理部门没有足够的工作人员检查提交的信息。

5. 在西早稻田校区存在少数人使用大教室造成能源浪费的情况，如照明设施和空调设备的使用效率很低，能耗高。

6. 午休时间，早稻田大学采用开放低楼层教室，关闭高楼层教室的节能对策。在西早稻田校园，教务处建立了类似的政策来减少能源的浪费。

7. 早稻田大学掌握现有能耗运行设备详细的能耗数据并将采取科学的管理方法，提高能耗监测的水平。

8. 设备管理公司 S 提出了一些节能措施，但是因为不能测量每一个设备的能源消耗量，实际效果无法得到准确的计算。

9. 如果早稻田大学可以对每一个能耗系统进行能耗测量，就可以针对能耗情况采取相应的节能措施，并预期取得相应的效果。

10. 对比表明，采取节能措施之后大学校园能耗降低效果明显。

5.5　通过更新设备降低能耗

在公共教室安装照明自动传感器，公共区域的用电量占总用电量的 12%。在研究室或教学楼（不包括 52 ~ 54 号和 57 号馆），公共空间 24 小时开放，照明系统一直运行。事实上，晚上公共空间的照明使用是有限的，这就存在明显的能源浪费。

以往的研究表明自动感应灯在大学走廊空间的平均运行比率（技术部学院）只有约50%。考虑到在夜间教室的灯光照射面积，可以计算出能耗值。以计算的数值作为参考，如果引进传感器，公共空间能耗将减少50%，可实现节能和降低成本的目标。自动感应灯成本和公寓的传感器相同。

图 5-10　夜间建筑公共空间的照明情况

（照片拍摄自周日凌晨 3：00）

图 5-11 显示了教学楼的电消耗减量。校园总用电可以减少 816MW/h，约占校园用电总量的 3.6%，相当于每年减排 341t CO_2。按 8.81 日元 /kWh 的价格为基准计算，年度成本节省 719 万日元（折合人民币约 43.5 万元）。

如果我们使用性能相同的松下的 WTK 24819 传感器，1 套覆盖 9.62m²，将总共需要 3227 套。每台设备的价格是 35700 日元（折合人民币约 2200 元）（包括项目成本），总成本是 11500 万日元（折合人民币 700 万元）。计算节能耗电量来降低成本，投资回收期 16 年。事实上大规模采购，传感器的价格会便宜，投资回收期将更短。

图 5-12 显示电耗量的消减量。总用电量可以减少 816049 kWh/a，占总用电量的 3.7%。

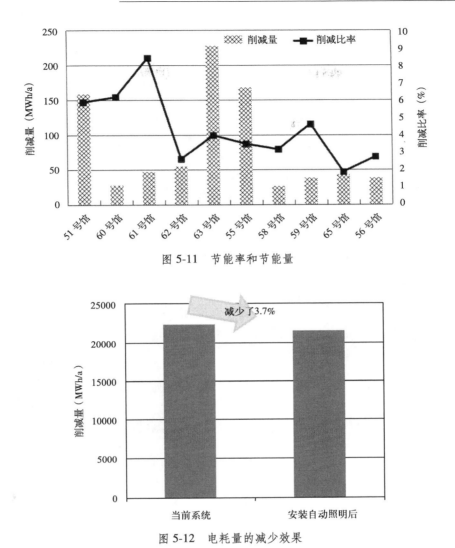

图 5-11　节能率和节能量

图 5-12　电耗量的减少效果

5.6　导入新能源模拟

　　导入新能源的模拟是基于日本新能源产业的技术综合开发机构的研究，模拟分析了早稻田大学西早稻田校园每一栋的建筑导入太阳能光伏系统电池板的节电效果，充分考虑了西早稻田校园建筑的实际情况，如太阳能发电板投落在建筑屋顶和楼的影子、投入费用、所需空间和需求的平衡等。图 5-13 是西早稻田校园的航拍照片。通过使用 Laplace System 公司的 Solar Pro Ver 3.0 软件建立建筑模型，并在建筑屋顶设置太阳能电池板，然后使用 monsola05 软件计算光伏板坡度并采用新能源产业技术开发机构（NEDO）的 32 等级标准对光伏板进行定位，最后导入从东京 801 气象部门获得的气象数据并模拟分析太阳能电池板的节电效果。图 5-14 是太阳能设计模拟软件的操作界面。[5-7]

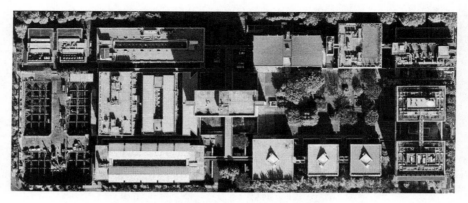

图 5-13　西早稻田校园的航拍图（来源：谷歌地图）

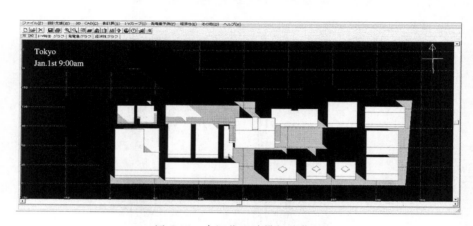

图 5-14　太阳能设计模拟的截屏

　　表 5-3 是模拟安装的 PV 板规格。考虑建筑安装的可操作性，我们选择 51 号馆、52 ~ 54 号馆、56 号馆、57 号馆、55 号馆、60 号馆进行模拟。模拟了安装 1750 套太阳能设备的情况，发电量每年约为 345MW，相当于 2009 年校园总电耗的 1.55%。同时，减少 CO_2 排放 144t。

PV 板规格　　　　　　　　　　　　　　　　　　　　表 5-3

类型		KD2084X-PPE-S
理论上最大输出功率	208.4W	
理论上最大工作电压输出	26.6V	
最大功率理论值	7.84A	
开路电压最大理论值	33.2V	
短路电流的理论值	8.50A	
外围尺度 W	1500mm	
外围尺度 L	990mm	
外围尺度 H	36mm	
重量	18.5kg	

预测投资回收期和降低成本见表 5-4。根据综合信息，初投资费用是 28144 万日元（折合人民币 1700 万元），高电压的电力成本是日均 12.07 日元 /kWh（折合人民币 0.75 元），由于操作的成本削减的影响，投资回收期要 66 年。假设太阳能电力的售电价格是 20 日元 /kWh（折合人民币 1.21 元），则需要花 40 年的时间收回投资成本，而且成本较低。

投资回收期和成本的降低　　　　　　　　　　　表 5-4

号馆	设备容量（kW）	费用（万日元）	年间发电量	削减电费（万日元）	回收年数 1（年）	卖电费用（万日元）	回收年数 2（年）
51 号馆	55	4209	56083	67.7	62	112	38
52 号馆	60	4591	61675	74.4	62	123	37
53 号馆	20	1581	20426	24.7	64	41	39
54 号馆	20	1581	20426	24.7	64	41	39
55 号馆	94	7409	96425	116.4	64	193	38
56 号馆	30	2371	27139	32.8	72	54	44
57 号馆	76	5803	62519	75.5	77	125	46
58 号馆	56	4305	56694	68.4	63	113	38
总计	411	31848	401386	484.5	66	803	40

5.7　改善保温围护结构性能

55 号馆是主要的研究实验楼，但除了支柱之外的部分，南北侧为玻璃和金属面板。窗户面积太大，单玻璃使热损失较大，建筑空调能耗增加。讨论双层玻璃改性实验方案对降低空调能耗的效果。图 5-15 是 55 号馆的窗玻璃改造示意图。

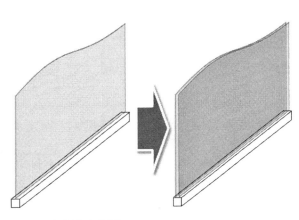

图 5-15　玻璃窗改造图

仿真实验计算是由远藤基于动态热负荷计算工具 THERB 完成的。对比铝合金窗框和单层玻璃的窗户的热负荷，可以模拟树脂窗框下的双层玻璃窗的热负荷。关于树脂玻璃的性能，由建筑环境节能咨询机构完成新型材料的建筑环境节能模拟和仿真比较。[8-9]图 5-16 是进行模拟分析的建筑平面图，图 5-17 是建立的模拟分析模型的结果。

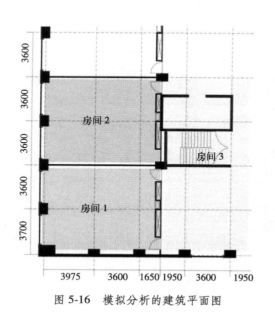

图 5-16　模拟分析的建筑平面图　　　　　图 5-17　建立的模拟分析模型

每月用电量的模拟结果见表 5-5。可以降低空调电耗的 34%，约 308MW，是 55 号馆总用电量的 6.4%，整个校园用电的 1.4%，相当于一年减少 129t 的 CO_2 的排放。由于运行成本较低，经模拟计算，初始投资 53 年可收回。与太阳能电池板相比，成本较低。

每月用电量的节能减排模拟　　　　　　　　　　　　　　表 5-5

(kWh)	四月	五月	六月	七月	八月	九月
插座用电	4556	4507	4700	4835	3735	4358
空调系统用电	1541	2086	2992	3846	3027	2971
(kWh)	四月	五月	六月	七月	八月	九月
插座用电	4744	4899	4750	4876	4662	4266
空调系统用电	2418	1990	2152	2484	2238	1890

5.8　日常的节能方法

教室楼在下午的 6 点～9 点（18：15～21：25）使用的能耗为当天建筑总能耗的 55%，而这段时间教室的利用率不高，多数教室里并没有学生。如果关闭不使用教室的照明开关，则6点~9点（18：15~21：25）的能源负荷可以消减。如果在这一时段大约一半的能耗得以消减，以后每年的建筑能源消费将减少2%。当地部门指出，几个人使用教室的情况仍频繁发生，能源的浪费依旧存在。管理人员无权阻止，这导致现状很难被改变。如果加强与大学教务处的合作，能源浪费的状况可能被改变。事实上，这只进行了较低楼层的调查，如果较高楼层也能在利用率不高的期间关闭不使用的照明，其节电效果不可忽视，因此大学管理部门应予以重视，提高节能意识。

5.9 建筑能源管理系统

建筑物能源管理系统BEMS（Building Energy Management System）是随着建筑管理系统BMS（Building Management System）发展而来的用于提高能源效率和管理建筑节能的专业体系。BMS起步于20世纪50年代。从70年代开始，随着计算机技术的突飞猛进，建筑管理系统开始走向基于计算机的中央控制系统。早期的建筑管理系统BMS没有独立的建筑能源管理系统，建筑能源的管理功能往往嵌入在建筑管理系统BMS中。1973年的世界能源危机后，建筑物的能耗引起了广泛的重视，大量的节能高效的能源设备陆续投入使用，这使得建筑物能源设备在建筑物所占的比重大大增加。与此同时，各种各样的能源管理功能诸如最优化控制、夜间运行控制、时间事件触发切换功能等相继在建筑管理系统BMS中出现。经过大约20年的研发，节能和能源管理功能逐渐加强并形成独立的系统，也就形成了现在的建筑能源管理系统BEMS。

简而言之，建筑能源管理系统BEMS是一种优化和减少建筑能耗的室内环境数据控制系统。它的目的是以最小的能耗达到最好的环境。具体来说，它是由测量装置、控制器、监测仪器、数据存储、数据分析和数据诊断等等以及过去的管理系统组成，具体见表5-6。

建筑能源管理系统BEMS概念 　　表5-6

功能	Monitor	BA	BMS	EMS	BEMS
显示时间和状态	○	○	○	○	○
控制		○	○	○	○
测量		○	○	○	○
建筑管理			○		○
能源管理				○	○
能量优化					○

1.建筑能源管理系统主要功能
建筑能源管理系统BEMS是一个综合的组成系统，其功能如下。
（1）监视和状态显示：异常和故障（包括远程监控），启动和停止操作，运行状态。

（2）控制：自动化设备（用于办公自动化、楼宇自动化、消防自动化设备）、数字交换机设备的操作和舒适环境保障。

（3）建筑管理

1）生命周期费用 LCC 的降低；

2）降低维修费用和舒适环境的维持；

3）延长维修间隔；

4）控制设备运行数量和运行时间；

5）增强建筑安全性能。

（4）能源管理

1）能源效率的管理和控制；

2）根据温度、湿度、热量和用电量来控制操作。

（5）能量优化（Energy optimization）

1）以最小的能量消耗取得最舒适的环境；

2）利用 COP 优化能源管理应对热负荷波动；

3）整个系统的优化管理；

4）节约能源，降低成本和减少 CO_2 排放。

华南理工大学新校区采用了该能源管理系统，现已覆盖了华南理工大学周围约100栋的建筑，通过调配空调系统合理运行，节省电力，为大学带来了巨大的经济效益。由于南方主要用电集中在空调系统，因此学校通过该系统加强了对空调系统用电的管理，如调整开始和结束供冷的时间，控制新风量，设定合理的温度等等，同时安装了大量的温度传感器监测环境和室内温度。BEMS 利用传感器发送温度值来调节和控制室内温度。当环境温度大于等于 30℃，BEMS 将空调房间的室内温度调整为 28℃。当环境温度大于等于 29℃ 且小于 30℃，BEMS 将空调房间的室内温度调整为 27℃。当环境温度小于 29℃，EMS 将空调房间的室内温度调整为 26℃。

基于 2008 年和 2009 年的能源消费能耗数据，通过设定温度，教学楼楼宇自动控制可以节省供冷成本 44900 元和电费 2800 元，办公楼可以节省供冷成本和电费分别为 32900 元和 1480 元。

5.10 早稻田大学西早稻田校区的节能措施

5.10.1 验证方法

对于 CO_2 排放的验证可以参考 2009 东京法律规定的计算标准排放量和实际排放量。标准排放可以从 63 号馆 2005 ~ 2007 年平均排放量获取。为了获得更准确的实际数值，也应参考 2009 年的碳排放量。以下是当前节能措施与上述节能措施研究列表。目前的节能措施：

（1）停止重油锅炉的利用；

（2）63 号馆在夏天停止热水锅炉的运行；

（3）本书提出了更新高效照明节电的措施；

（4）过渡季节的空调利用调整；

（5）教学楼夜间停止使用；

（6）公共空间安装传感器；

（7）利用率不高的时间段减小教室的开放数量；

（8）调整 60 号和 61 号馆的利用。

在这项研究中，（1）～（5）项节能措施得到有效的验证，以下是测试和验证方式。

1）停止重油锅炉利用

大楼停止使用重油锅炉并安装空调，重油消耗得以减少。

2）63 号馆在夏天停止生活热水锅炉的运行

设备管理公司 S 提供了 2010 年的实际利用率。

3）高效照明的更新

首先，计算照明耗电量。根据覆盖面积，对高效照明安装和照明的需求量进行了计算。然后对更新前和更新后电耗的进行了检查，其照明的使用时间是 9 小时 ×200 天。表 5-7 是照明的数据值。此外，标准排放节约了约 40%，在 2009 年，节约了 80%。

4）空调调整和利用

在 4 章，进行了调整和最终利用率的分析，这一步减少了能耗。

5）夜间关闭不利用教室的照明

在 2009 年，根据不同时间的功率消耗，计算了 52 ～ 54 号、56 号和 57 号楼从晚上 10 点早上 8 点的电耗，并估算了减排量。

照明的数据值　　　　　　　　　　　　　　　　　　　　　表 5-7

	更新前	更新后
型号	FL 荧光灯	Hf 日光灯
功率（W）	40	32
耗电量（W）	46	34
使用时长	9 小时 ×200 天	

5.10.2　降低能耗后的效果

图 5-18 是节能措施的减排效果。实施节能后的 CO_2 排放量为 10362t，比初期排放量 10911t 减少了 5%。如果我们提出的节能措施全部实施，CO_2 总排放量可减少到 10066t，减少 7.7%。目前的节能措施尚未达到东京都对 CO_2 排放量的规定义务削减 8% 的指标。

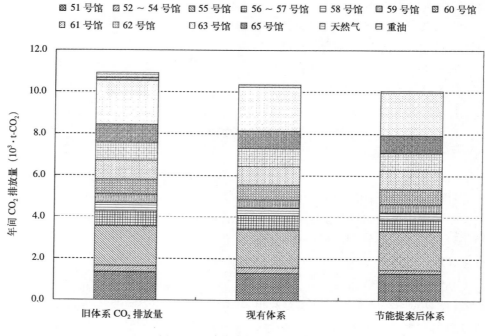

图 5-18　对节能措施提议的验证

　　根据各建筑物的能源排放量和减少量，进行高效照明改造，停止重油锅炉，和夜间不利用教室照明关闭对于节能有较大的影响效果。CO_2 的排放标准是 9627t，实施节能后，排放量 9440t，减少 1.9%。如果实施本研究提出的节能措施，CO_2 总排放量可减少到 9144t，减少 5%。与标准的年度节能比例相比，节能政策的推行大大促进了节能工作进展，但节能效果比较微小。如果采用本研究的建议，则效果会更明显。在 2009 年尽管 CO_2 的排放标准和排放量有很大的差距，但与 2009 年的标准值和排放量这两个值比，还是减少了 11.8%。正如我们上面提到的，CO_2 排放的基本单元减少了，说明我们提出的节能措施是合理的。在东京都对 CO_2 排放量限定的法规中，我们引入了排放量交易制度；在减排义务之外的减排量可进行交易。预算不足、更新设备、人员不足等情况都与节能策略的有效实施有着密切的关系。假设这种循环的模式可以建立，我们将能推动大学校园节能。

5.11　对清华大学校园节能效果的探讨

　　如今面临着全球变暖，节能是一个重要的研究课题。对于整体能耗来说，综合性大学的能耗不可忽略。基于环境承受底线，每一个校园设立了节约能源的目标，并努力减少环境负荷。出于对自然环境和人文环境的考虑，把节能措施付诸实施对于建设生态校园刻不容缓。

5.11.1　耗电比例

图 5-19 显示建筑物 A 和 B 的年用电量统计数据，一年分 3 个时期显示电量比：供暖期、供冷期和非供暖供冷期。建筑 A 日常用电趋势变化和日最低电耗值都比建筑 B 更小。在这些基本的计算结果中，每日用电比的变化在每个季节都不同。在供暖期日耗电量比平均值大于供冷期。值得一提的是，在这里通过调整峰谷差的方法来调节当前学校每天的用电量大小后，校园整体的能耗就会相应降低，有很大的节能潜力。

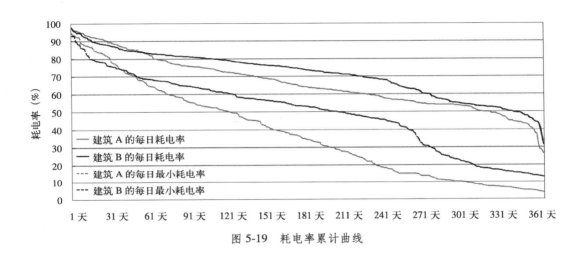

图 5-19　耗电率累计曲线

白天不同时期耗电量占比如图 5-20 ～图 5-22 所示，水平轴是每天的单位面积耗电量。结果表明，对比 B 建筑 A 建筑在白天耗电量较高。在供冷期，特别是在工作日（图 5-20），A 建筑白天的耗电量占比最高，平均值为 87%，而 B 建筑的值为 83%。在供暖期，白天用电量占比两建筑物达到最小值 65%。白天耗电量占比可以通过有效的监督管理大大减少，如降低待机时间以及关闭设备电源等。

$$f = \frac{E_{\mathrm{av}}}{E_{\max}} \tag{1}$$

$$\alpha = \frac{E_{\min}}{E_{\max}} \tag{2}$$

$$\eta = \frac{E_{\mathrm{daytime}}}{E_{\mathrm{total}}} \tag{3}$$

式中　f——每日电力消耗率，%；

α——每日最小电力消耗率，%；

η——白天电力消耗量占比，%；

E_{av}——日均电力消耗，kWh；

$E_{\max}$——每日电力消耗最大值，kWh；

$E_{\min}$——每日电力消耗最小值，kWh；

E_{daytime}——白天电耗，kWh；

E_{total}——全天电力消耗，kWh。

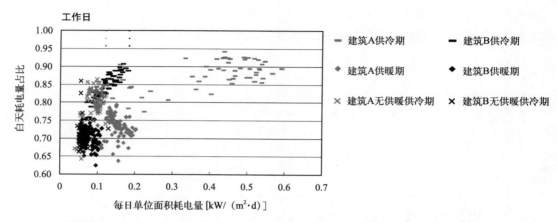

	建筑 A			建筑 B		
	N	C	H	N	C	H
平均值	0.80	0.87	0.74	0.71	0.83	0.70
最大值	0.88	0.94	0.85	0.86	0.91	0.75
最小值	0.64	0.67	0.64	0.66	0.67	0.62

图 5-20　工作日白天的耗电量占比

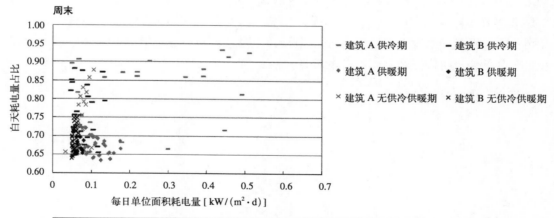

	建筑 A			建筑 B		
	N	C	H	N	C	H
平均值	0.74	0.83	0.67	0.69	0.76	0.66
最大值	0.94	0.93	0.73	0.76	0.88	0.71
最小值	0.65	0.65	0.63	0.57	0.66	0.57

图 5-21　周末白天的耗电量占比

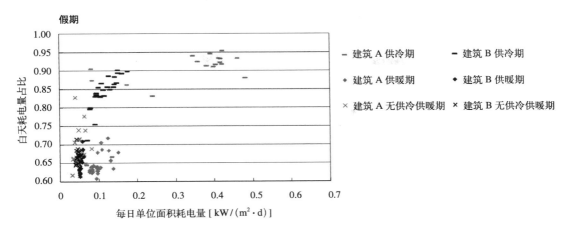

	建筑 A			建筑 B		
	N	C	H	N	C	H
平均值	0.69	0.82	0.65	0.67	0.83	0.65
最大值	0.83	0.95	0.72	0.71	0.90	0.71
最小值	0.62	0.51	0.61	0.64	0.66	0.61

图 5-22 节假日的白天耗电量占比

5.11.2 建筑 B 的节能措施

在采集的历史数据的基础上，探讨和调查了清华大学的建筑节能潜力，对建筑物 A 和 B 进行了案例研究。选择建筑 A 是因为它的能耗接近平均值 68.9kWh/（m² · a），并且在调研的综合楼电耗量排名第二。建筑 B 同样是综合建筑，位于建筑 A 附近，只消耗 28.58kWh/（m² · a）的电量。对比建筑 A 和 B 这两个多功能建筑，对建筑 B 的节能措施进行调查。[10]

建筑 B 采用的节能措施包括可控的遮阳高性能围护结构，建筑围护结构蓄能材料，自然通风，采光的利用，可再生能源的利用，独立的温度和湿度控制，燃气冷热电联供，屋顶花园，人工湿地，绿色材料的柔性结构等等。6 个可控外遮阳百叶窗分为 3 个部分，以满足不同的需求：遮光、视线和采光。窗户采用双层 LOW-E 镀膜玻璃面板、真空层和空气层构成的三层玻璃窗。因此，玻璃部分的传热系数可以降低到 0.95 W/（m² · ℃）。由于使用多种集成建筑节能技术，建筑 B 节能性比建筑 A 好很多。

5.11.3 建筑 A 采用节能措施前后的对比

在上述研究的基础上，分析节能措施对电耗减少的影响，利用模拟和实测数据计算了采暖和制冷负荷。各建筑子系统的耗电量的减少量是通过每个子系统耗电量的模拟数值比实测数值的减少值来进行计算。降低照明用电对空调系统的影响，主要是通过降低照明用电产生的热量对空调系统能耗的影响实现的。建筑物外围护结构保温节能效果是通过分析建筑 A 和建筑 B 热／冷负荷指标差（单位面积热／冷负荷）计算的。节电节能比引用的相应数值由日本自然能源机构（Agency of Natural Resources and Energy in Japan）提供。每一个节能效果用现场实测数据、模拟数据或授权的数据计算，因此计算结果是可靠的。

建筑 A 节能措施的减排效果中，空调系统的耗电量可以减少 24.7%，其中 7.8% 可通过空调启动的时候减少新风量实现，4.9% 可通过增加遮阳措施实现，3.2% 通过提高冷冻水的温度实现，5.5% 通过提高房间内空调的设定温度至 28℃ 实现，3.2% 通过减少不必要空间的空调系统使用来实现。照明减少电耗可高达 12.1%，通过降低 1/5 的照明面积，减少公共区域不必要的照明，这也会减少空调系统的冷负荷和电耗。通过关闭非工作状态的办公设备，电源插座的电耗降低了 1.2%，停止电梯在夜间和节假日的运行可使电梯系统减少用电量 0.1%。

根据以上的建议，电耗减少 38% 是可能的，具有明显的节能潜力。结果发现，建筑 B 的节能措施引入建筑 A，热负荷和冷负荷可分别减少 57.8% 和 61.5%。

5.12　小结

为应对"环境与可持续发展"的挑战，国外各高校主张发表了多项大学行动宣言，推动高校的可持续发展。美国数百名大学校长签署了《气候宣言》，从各自高校开始减少温室气体排放，不仅发挥高校在节能减排方面的带头作用，而且期待通过建设节约能源、环境适宜的生态校园提升教学品质。日本文部省实施推进完善绿色学校的实验计划，在学校建设中加强可再生能源的利用，截至目前已形成超过百所高校规模的低碳示范校园。我国建设的第一批校园建筑节能监管平台和全国节约型校园建设示范工程，为校园能耗的监控、量化管理、节能潜力挖掘奠定了基础。之后成立的"中国绿色大学联盟"加强了绿色校园建设领域各高校的交流合作，整合资源并提供政策决策支撑，引领和推进了中国绿色大学建设事业的发展，为我国校园节能建设提供了经验。

日本北九州市立大学校园作为日本生态示范校园在节约能源的使用量，有效利用可再生能源，提高能源效率和回收存储余热再利用等方面都作出了表率。本章对于北九州市立大学校园的能源和水资源系统进行了节能评价，还从经济性、环境性作出了分析。然后探讨了有效的能源管理模式，基于校园建筑实际使用运行的基础数据讨论如何降低能耗，并给出具体的改进措施建议。接着从进行更新设备、导入新能源模拟、改善外围护结构性能和引入建筑能源管理系统的角度用具体案例解读大学校园节能减排措施的应用。最后对日本和中国的代表案例校园，进行节能措施的提案和节能潜力的分析，并验证降低能耗的效果。

本章中还列举了从早稻田大学校园的各个管理部门调研梳理的以建筑实际运行历史能耗数据为基准进行降低能耗的各项节能改进措施。校园现有的建筑中，能源系统和设备系统的建筑能耗还有很多不能实际把握的环节，还缺乏足够的故障检测和诊断的能力，从而导致了技术规划角度和设备管理角度的一些节能措施都比较零散。对于专业技术管理人员这种不断地发现问题不断地尽力解决，再不断地提升系统运行效率和能源使用效率的工作方法，尤其对校园节能减排的很多细微工作的零容忍和细致工作的态度都是值得我们学习和借鉴的。

　　本章最后对日本和中国大学代表性建筑进行了模拟，其中包括更换节能设备、新能源利用、提升建筑围护结构保温性能以及在管理层面的节能措施等。对于节能减排的潜力分析和效果预测，早稻田大学以西早稻田校区为例进行校园整体节能减排的模拟，清华大学以代表建筑为例进行单位面积耗电量的模拟。虽然都是可行性的节能措施模拟，但也只是数值上的分析，真正的建筑能耗模拟需要结合建筑物本身性能、能源系统和设备体系、使用者行为、运行时间和气候环境等影响要素进行仿真模拟，并与实际运行的历史能耗数据进行对比、分析、预测和评价。

本章参考文献

[1] Water and sewage bill Contracts of waterworks bureau of Kitakyushu City（40 milliliters）[EB/OL]. [2014-7-21].http：//www.city.kitakyushu.jp/page/suidou.

[2] 2010 年保护手册.日本节能中心 [EB/OL].[2014-7-23]. http：//www.eccj.or.jp/law/pamph/outline/index. html.

[3] 日本能源（自然资源和能源，经济产业的机构）[EB/OL].[2014-7-28]. http：//www.enecho.meti.go.jp/ topics/energy-in-japan/english2008.pdf.

[4] 能源管理工具.日本节能中心 [EB/OL].[2014-8-22]. http：//www.asiaeec-col.eccj.or.jp/cooperation/ tools.html.

[5] 独立行政法人 新エネルギー・産業技術総合開発機構.（2010）太陽光発電フィー ルドテスト事業に関するガイドライン（設計施工・システム編）太陽光発電の効率的な導入のために [EB/OL]. [2014-8-25].http：//www.nedo.go.jp/kankobutsu/pamphlets/08_1shinene/taiyoukou_ft_sys/index.html.

[6] Solar Pro Ver.3.0，Laplace System [EB/OL]. [2014-9-10]. http：//www.lapsys.co.jp/support/index. html#pro_dl.

[7] 京セラ HP（2010）太陽電池モジュール仕様 [EB/OL].[2014-9-15]. http：//www.kyocera.co.jp/solar/ es/prdct/module.html.

[8] 尾崎明仁.THERB（Thermal-load-caculation simulation software）[M].京都府立大学出版社，2001.

[9] 建築環境・省エネルギー機構.建築物の省エネルギー基準と計算の手引新築増改築の性能基準（PAL/CEC）[S]. 2008.

[10] 江亿.我国建筑耗能状况及节能途径分析 [J].新建筑，2008（02）：4-7.

第6章 总结、研究局限性和展望

6.1 总结

当今社会，大学作为重要的教育场所，对减缓全球变暖起到很重要的作用。大学不仅要遵从相关法规而且应为社会树立标杆。日本通过制定《节约能源法》，有效地推动节能环保策略的实施。此外，由于基础设施的增加与修护、室内环境的提升等，大学比其他行业消耗了更多的能源。大学能耗由于公共设施的增加和活动时间的增多而逐步增长。水、煤气、电费的不断增加对于大学经费都有很大的影响。因此，在大学校园实施有效的节能环保方案已经成为一个全球关注的问题。大学应清楚地意识到减少管理开支和提升教育环境的是很有必要的。

另一方面，因为日本大学的能耗逐年上升，所以《能源合理使用法》要求校园必须努力保证合理使用能源。为了进一步提升能源合理利用率，日本已经制定了很多法律修正案。2002 年 7 月的修正案提议那些能耗超出标准范围的大学必须定期提交书面报告、中期及长期能源合理使用计划。根据东京 2008 年制定的节能义务和贸易体系排放量，那些签署合约的大学如果没有达到规定减少的 CO_2 排放量就会于 2010 年接受处罚。

2016 年中国教育部数据显示，中国一共有 2491 所大学，共有学生 3940 万人，总占地面积超过 7.6 亿 m^2。虽然中国高校很重视节能环保目前却仍然没有概括性的研究报告。这些研究预测了中国环境面临的严峻问题，这些问题曾在西方国家出现过，然而还没有关于中国大学实际使用能耗的研究。所以，基于大学校园的实际使用能耗的调查研究，构建可持续校园势在必行。尤其近几年智慧校园、智能建筑理念的发展，中国和日本校园的智能化设施迅速增多，各种新的用能需求也随之增加，因此更有必要对新时代的大学发展与建设提出更有效的节能建议，尽可能地降低校园整体能耗。

本书旨在分析日本与中国大学节能环保的解决方法，希望通过掌握公共设施的能耗和教学研究用实验设备来准确地把握目前能耗的现状；分析与评估 CO_2 减排义务、节能环保和影响中日大学的经济因素来制定一份合理的节能环保方案，以此来构建可持续发展的大学。除此之外，本项研究的另一目标是进一步对比除中日大学外的其他大学的能源体系来阐明大学的能耗体系。采用问卷调查、实测调查、实地调研等方法，首先要对当前能耗、系统运行的实际情况和在学术型大学中实施的节能环保行为进行研究。其次，计算与分析收集的评估数据，得出不同建筑不同时段的能耗特点。然后，通过最终用户每小时能耗数据计算能耗指标。再通过找出问题和提出解决策略来检测技能方法，为能源系统的改进起到有效的促进作用。通过讨论新能源的引入和能源体系分布，以及提升设备、组织优化，利用大学的基本特色与功能进一步优化改进能耗使用情况。

本书的第 1 章概述了世界能源供应情况及全球变暖问题，明确了大学作为减少温室气体领导者的重要性。大学应对其自身对环境的影响负责并遵从环境可持续发展来工作。在智能化校园定义和可持续发展校园定义的部分已经阐明了，中国和日本大学运用有效的措施来减少能耗的重要性。在阐述写作背景及研究意义后，本书将重点放在分析大学能耗的特点并提出推动能源保护措施上。

以前的很多研究都立足于大学能耗的实际情况和能源保护方法，然而很少有研究立足于实际系统运行的现场数据研究，尤其是有关能耗体系和单位面积能耗的详细的数据。日本的尾岛俊雄工作室于 2005 年进行了"单位建筑面积能耗基础调查"。日本文部科学省和经济产业省已经根据"非住宅建筑环境相关数据库"的信息对第一批指定的使用大量能源的用能单位进行了调查（例如大学）。中国的统计年鉴和能源统计数据仅显示了地域性能耗总体数据。2009 年，由清华大学建筑节能中心江亿院士等发表的《中国建筑节能年度发展研究报告》公布了多数大学的电耗调查结果。住房和城乡建设部于 2009 年制定了可持续发展校园、住宅和城市的计划，共有 30 所大学引入了建筑能源管理系统 BEMS，通过该系统能够网络监测校园的建筑能耗。本书中选取了 5 所大学的 172 栋被能源管理系统监测的建筑并收集了至少一年的逐时建筑能耗数据。结果显示，被调查的建筑单位面积能耗为 2.6MJ，单位面积一次能源的消耗为 56MJ（$m^2 \cdot a$）。

第 2 章是关于日本两所大学实际能耗的调查，研究了北九州市科研园区的北九州市立大学校区和早稻田大学的西早稻田校区。首先调查了太阳能发电量、燃料电池、天然气发电机和煤气的消耗量，然后计算了年度发电量、余热使用率、发电量使用率、余热回收率和一次能源整体使用率，这些建筑使用了燃料电池、天然气发电机和太阳能发电的分布式能源体系。环境能源中心收集了建校开始至 2007 年的研究数据。之后调查了水循环体系并阐明了给水排水系统运行的情况。早稻田大学西早稻田校区是理工类校园，基于这一点，对其不同功能、年代、使用者的教学和研究型建筑都进行了调查。随后，对教学楼、科学实验楼、办公楼、实验楼等这些不同功能的建筑物的能耗单位进行了调查，根据不同建筑不同时间的能耗阐述了整个大学能耗的结构。除此之外，选取一个实验楼来调查能源使用现状的特点和不同房间的节能措施，以此提出一些基于本次能耗分析的实际节能环保方案。

第 3 章是中国两所大学的实际建筑能源消耗调查，介绍了中国南方和北方不同建筑气候分区的两所理工类大学，对其能耗单位和能耗结构进行了准确的数据分析。首先，对位于广州的华南理工大学进行了调查，调查从 2009 年 9 月 1 日到 2010 年 8 月 31 日，通过问卷和实测的方法调查了该所大学的建筑属性、能源体系和节能方法。通过逐时的能耗数据对这所大学的能耗状况进行了详尽的数据分析，调查包含了不同使用功能（制冷消耗、日常电耗、空调体系能耗、动力系统能耗等等）的建筑和不同的建筑类型（办公楼、教学楼、实现楼、实验楼、图书馆和礼堂）。清华大学位于中国北部地区，调查了 65 栋建筑的电耗，包括综合楼、实验楼、教学楼、实验楼，并选择建筑物 A 和 B 来分析能耗特点与能耗结构。运用 DeST 软件模拟分析两所建筑的热耗及冷耗。此外，还运用从 2010 年 1 月 1 日至 2010 年 12 月 31 日的测量数据来分析不同建筑的能耗状况，分析不同系统的电耗状况（照明系统，电源插座，电力系统，空调系统和特殊功能系统）。通过以上调查，可以清楚表明中国大学典型建筑物能耗和能耗整体比例。

第 4 章是中国大学与日本大学能耗特点和节能措施对比研究，通过之前的内容可对中国大学与日本大学的能耗机构和节能环保措施进行对比研究。首先，比较研究区域性能耗特点，研究不同的收费标准，然后对比不同的能耗特点、用电峰值和节能措施，根据单位面积能耗分析不同时期（工作日、周末、假期），不同使用时间（上午、下午、晚上、夜间、午餐、晚餐、移动时间）的电耗。讨论不同年份、月份、日期、时段，包括学校计划的单位面积平均能耗和单位面积高峰能耗。中国校园建筑能耗峰值出现在午餐和晚餐时间。因此，应该通过培养良好的习惯来提高节能意识，比如离开房间要关掉不使用教室的开关。除此之外，本章还讨论并总结了现今节能环保和促进节能的措施。

第 5 章，对于中国大学和日本大学的可行性节能措施建议及效果分析，主要研究能够在大学校园实施的可行性技术措施。首先，评估能耗问题并对用能系统提出改进建议，根据所调查的节能措施、节能设备及技术进行讨论。然后根据调查结果提出不同措施，比如通过更新设备减少能耗，引入新能源，通过更新提高建筑性能，提高节能管理意识，通过结合"大学的功能"来节能。随后，介绍建筑物能源管理体系，进行节能建议的核实。除此之外，根据模拟建筑所得到的负荷和能耗的关系提出节能环保策略和技术，分析能够运用于普通建筑的节能措施。通过模拟数据与实际的数据来计算节能措施可实现的节电量、节热量和节冷量。这些知识和技术对于同一地区的建筑物节能应用研究非常有意义，也有利于制定能源体系计划，优化大学校园能源系统运行。

第 6 章，对每章进行了总结。讨论了研究的贡献和研究的局限性，并对进一步研究提出建议。

6.2 研究贡献与局限性

本书虽然只是中国和日本几所不同地域的大学校园的基础数据采集和调研，但针对单位面积建筑能耗和校园建筑节能措施的分析贡献如下：

1. 对单位面积能耗结构进行了全方位的分析

本书研究并分析了大学校园的实际能耗体系和特点，比如不同建筑、不同功能、不同时刻、不同日期、不同负荷周期、不同能源使用的能耗单位。为了更好地理解能源体系，本书根据不同的情况采取了不同的分析法。

2. 本项研究提出了对于同一地区能耗的预测方法

由于大学活动复杂多变，很难去准确预测现今大学校园的能耗情况。以单位建筑面积能耗计算能耗标准的方法被广泛地接受。本书所做的调查对这种可能性做出贡献。使用本书中的方法对能耗进行预测时，仍存在其他对能耗具有影响的可变因素，这些因素也应该被考虑。

3. 本书案例研究可作为简单模型推广应用

本书中的研究案例是不同建筑气候分区的典型例子。可以选为模型来分析不同大学的能耗量，同时能为其他大学校园能源体系的进一步比较评估起到借鉴作用。

4. 本书的研究方法可以应用于大学校园的能耗的定量分析和定性分析

可以通过计算获得不同建筑的单位面积电耗、单位面积冷耗和单位面积能耗，有利于实际的定量和定性分析。基于实测数据和权威数据的分析结果是真实可靠的。

5. 本书对大学校园的节能措施奠定了基础

本书根据不同建筑能耗的性能与特点提出了不同的节能措施。根据研究的结果分析每一项节能技术与设备。这有利于其他大学来实施节能措施，制定节能计划，开发有效的节能方法。

6. 本书指出了大学校园节能措施的方向

研究结果清楚地显示了不同建筑、不同时段的高峰能耗单位。这有利于指出哪些时段哪些建筑消耗了更多的能源，能够给出具体的建议来最大限度地减少大学校园高峰能耗量。

7. 本书有利于判断大学建筑物能耗的管理目标

本项研究对于大学校园的管理方法给出了更准确的建议，对进一步提高能源管理效果有不同的方法对策，能够避免类似问题的发生。

8. 本书的结果有助于进一步提高能源使用率，推动大学节能措施的推广

几乎所有的大学都建立了能源节约机构。然而，仅有几所大学实施了整体的节能措施，以及对老师和学生节能意识的培训。在对能源使用者进行节能教育的时候，仅有节能活动是不够的。因而，本不仅总结了如何通过采取先进的节能措施，展现了节能的极大潜力。还总结了如何通过科学的方法来确定节能措施的方向以及如何利用有限的管理经费来提高能源使用率。

9. 本书有益于大学制定体系计划，优化能源体系管理

本书的研究方法和研究结果不仅能够作为相关研究者、社会能源管理人员、环境工程专业人员的参考，而且可以为校园可持续性设计和校园能源管理规划与绿色校园评价等提供参考，还能够为大学的环境战略规划部门及环境管理部门提供解决方案。

虽然在过去的几年中对本书内容进行了持续的改进与修改，但是还存在很多缺点与局限，具体如下：

1. 海量数据的人工管理

所收集的数据为原始数据，需要花费大量的时间使这些数据形成统一的形式。本书中的所有研究数据由人工数据整理完成。例如起初调查并收集了 5 所中国大学的数据，但是花费了两年的时间才完成两所大学的原始数据整理。这就是为什么我仅对中国两所大学进行案例研究的原因。

2. 日本大学与中国大学缺少形式上的协调与统一

调查由日本北九州市科研园区北九州市立大学校园开始，然后扩展到了早稻田大学西早稻田校区。在中国，起初对 9 所大学进行了全面调研，但仅收集了华南理工大学南校区、清华大学、同济大学、浙江大学和江南大学 5 所大学的数据。对比日本和中国的大学校园能耗数据，虽然采集的所有能耗数据属于同一时期的细致原始数据，但由于典型案例的大学处于不同的地域，数据来源于不同的数据管理系统，所以数据形式缺乏协调性与一致性。

3. 能源体制解释不合理

虽然本领域的专家与研究者对于本书的研究给予了很大的帮助，但还是有很多困惑，一些存在的问题也没有得到专业技术人士的解答。尤其是在中国，虽然管理者和工程师每月会对能源总体消耗量进行记录和公示，然而值得关注的问题是由于能够获得的公开的能耗数据信息十分有限，因此无法对大学校园的每小时能耗进行分析和比较。

6.3 展望

本书基于中国和日本的大学校园建筑运行使用的能耗数据，以单位面积建筑能耗作为主要的研究指标，分析了不同用途功能、不同类别分项、不同使用时间的单位面积能耗的分布规律，对比了中国和日本不同建筑气候分区的大学校园建筑能耗特征，探讨了大学校园建筑的节能减排措施，预测了可能的节能潜力和节能效果。由于精力和能力有限，本书仅仅在 4 所校园建筑运行使用的真实数据的呈现和能耗特征的表现上做了努力，只是中国和日本不同气候分区校园建筑能耗研究的冰山一角。今后希望在以下几个方面进行进一步的研究，以期待揭开大学校园单位面积能耗的分布特征的神秘面纱：

1. 北九州市立大学校园

基于采集记录的能耗数据来分析新型能源体系，掌握运行模式、运转情况和节能效果。虽然引入和运行的分布式能源能够带来一定程度的经济利益，包含燃料电池体系、天然气发电机体系、太阳能发电体系的发电设备也满足了总电力需求，但是考虑到全年发电效率和余热回收率，燃料电池和天然气发电机效率都低于设计值。为了对北九州市立大学校园进行进一步的研究，制定节能计划和目标应该以能源的输入和输出、环境评估和经济评估为基础，尤其要考虑热回收的利用率。因为热回收利用的局限性很难提高北九州市立大学校园能源体系的整体效率。

在水循环系统中，可以利用现在的雨水收集系统和排水再利用系统减少水费。雨水收集系统与当地气象有着显著的关联性。收集到的雨水在进行立即处理后流入能源中心的储水槽，重新应用于灌溉、冷却塔和制冷机。然而，考虑到雨水利用和污水再利用的总量，所收集的雨水和污水仅有一半被有效地利用。这就证明了大学校园在水资源循环上有很大潜力并应制定计划引入再生水系统。除此之外，还存在由于仪表故障导致不必要的水费被征收。

对北九州市立大学的分布式能源系统的建议是尽可能发掘校园中的余热利用场所并能够更有效地使用余热。比如，建议在学校附近建立温泉足浴场所，投资费用并不比温泉设施贵。而且图书馆对城市周边的居民是开放的，以此为出发点扩大分布式能源系统的应用是有利的，还可以以此促进大学校园与居民间的联系。另一方面，针对此区域的新计划，为了提高余热使用率，大学应该首先考虑可以对余热的回收利用的热源设备。

对于中水系统的再生水利用，建议更好地收集和处理校园建筑物的排水，扩大再生水存储设备，修复出现故障的仪表。

2. 早稻田大学西早稻田校区

因为大学环境和安全管理部门及所依托的设备管理公司不能测量能耗的细节，所以不同建筑、不同功能、不同日期、不同时段、不同能源的不同使用情况无法精准测量。通过调查，使用年间所收集的每小时数据可以清楚指出具有不同功能的不同建筑和整所大学的能耗。尤其是首次构建并讨论了 55 号馆 N 栋的实际能耗状况。

通过调查研究的结果和对技术措施的讨论已经阐明了一些实际的节能方法和计划。每一项建议都根据实际情况和建筑的特点所制定，然后综合讨论如何减少整体节能措施对校园整体能耗的节能效果。然而，实际的实施情况也依赖于大学的经费投入。

对于本所大学节能建议首先从软层面出发。因此，应该培养良好的习惯来形成节能意识，例如在离校时关闭显示器的电源和电脑主机电源。考虑到实验室的电耗，应减少基本电力负荷，尤其是夜间基本电力负荷。冷冻机的电耗量是最多的，因此节能措施应加强。除此之外，基于调查结果，应提高空调设备的有效维护和检查。比如，应该检测和维护空调设备来提高每台空调的效率和整体设备效率。应检测和维护空调设备和通风设备中安装的自动控制设备以保持其状态良好。

3. 华南理工大学南校区

在华南理工大学，对于引入的分布式能源系统的可行性评估和现有分布式能源系统的分析是有限的。因为设备参数和材料选择过大过高，初投资多次提高。三个制冷站的制冷机（2 号、3 号、4 号）已经运达并同时安装完成，冷负荷在四年内从 20% 增长到 50%。闲置资本设备积压利率每年高达几百万人民币。

建议华南理工大学管理人员应该关注并有效利用大学现有的建筑能源管理系统，并且有必要建立节能减排制度来通过有效的步骤稳步提高能源效率。首先可以建立一个节约能源的目标值，然后制定具体的有针对性的能源节约措施，最后实践检验和评估节能措施的效果。同时，为了增加能源节约的效果，可以对每一个建筑部门制定详细的计划。

4. 清华大学

（1）对于清华大学建筑物的调查仅能获得每月的电耗。尤其是模拟建筑物 A 和 B，通过 BEMS 可以获得每小时的电耗量。为了更精确地掌控能耗量，热量消耗和冷量消耗也很重要。

（2）结果表明建筑能源管理系统（BEMS）的能耗分析计量数据对于标杆管理和能源管理是很有帮助的。能源管理人员应该有效利用这些重要的信息来有效地使用和寻求一个全面有益的能源管理体系。可基于实际能源管理体系的实测数据。建立针对建筑物 B 等各不同类型建筑物的能效促进机构。

（3）明确管理系统的能源政策指标和能源管理者意识的革新是能源管理不可或缺的。能源节约促进组织就是这样的组织机构，它能够制定节能任务和组织部门的责任并促进能源使用者的相互合作。与此同时，节能政策明确制定了节能目标、完成节能目标的时间和节能投资等事项。另一方面，学生参与节能促进组织能有效的促进节能行动。

（4）关于建筑物 B 的电力能源系统，剩余的电力可以传输至电网。国家鼓励电力政策补助，剩余的电力可以通过国家下放的许可传输给电网，然后由当地政府组织拨款或补贴。针对该领域的课题也急需进行研究。

大学校园的节能减排工作旨在提高全员的节能意识并且采取有效的节能行动来最大程度、最大范围和最大量地节省能源，减少对环境的污染，与自然和谐共生。未来的研究发展方向应重视对不同建筑气候分区的大学校园建筑实际运行的单位面积能耗的关注。大学校园管理人员应思考如何基于大学校园建筑的实际能耗特征制定合理的节能目标和有效的节能措施，如何通过采取先进的节能环保管理方法来发掘节能潜力，如何通过引入新能源和节能环保激励政策来弥补有限的管理经费等亟待解决的问题。本人也期待会进一步继续对大学校园单位面积能耗的影响因素进行分析，来更准确地预测大学校园的能源需求，为构筑实现可持续校园建设添砖加瓦。